必ず取れる！

原付免許

長信一 著

成美堂出版

一発合格！文章問題ポイント7

- ●原付免許の学科試験では、文章問題が46問出題される。
- ●一見、簡単そうだが、文章の中には大きな落とし穴が潜んでいる場合が！
- ●ここでは、よく似た2つの問題を対比しながら、合格するためのポイントを紹介！

★次の問題について、正しいと思えば「○」、誤りと思えば「×」をマークしましょう。

ポイント1 交通用語を正しく理解しよう！

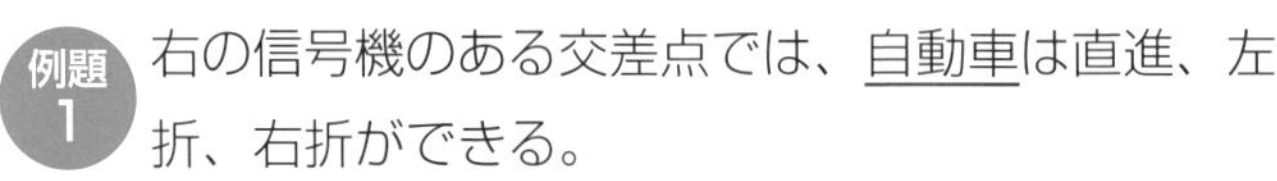

例題1 右の信号機のある交差点では、自動車は直進、左折、右折ができる。

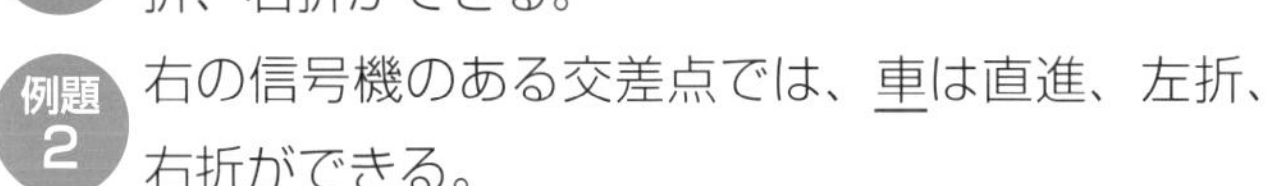

例題2 右の信号機のある交差点では、車は直進、左折、右折ができる。

【ポイントアドバイス】

- ●「**車**」と「**自動車**」の違いに注目。軽車両（けいしゃりょう）（自転車など）や原動機付自転車は、車に含まれますが、自動車には含まれません。
- ●青信号に対面した場合、**自動車**は直進、左折、右折ができますが、**軽車両と二段階右折する原動機付自転車**は右折することができません。

覚えておきたい交通用語の例

ここをチェック！→

- □**原動機付自転車** 総排気量50cc以下の二輪車、または定格出力0.60キロワット以下の二輪車をいう（スリーターを含む）。
- □**ミニカー** 総排気量50cc以下、または定格出力0.60キロワット以下の原動機を有する普通自動車のことをいう。
- □**徐行（じょこう）** 車がすぐに停止できるような速度で進行することをいう。
- □**軽車両** 自転車、リヤカー、荷車、そりなどのことをいう。
- □**追い越し** 車が進路を変えて、進行中の前車の前方に出ることをいう。
- □**追い抜き** 車が進路を変えないで、進行中の前車の前方に出ることをいう。
- □**車両通行帯** 車が一定の区分に従って通行するように区画されている帯状の車道の部分をいい、「車線」「レーン」ともいう。
- □**こう配（ばい）の急な坂** こう配率がおおむね10パーセント以上の坂をいう。
- □**路側帯（ろそくたい）** 歩行者の通行や車道の効用を保つため、歩道のない道路に指定される道路の端の帯状の部分をいう。

正 解	例題1＝○　例題2＝×

ポイント2　問題文は最後までしっかり読もう！

例題3　右の標識のあるところでは、一時停止しなければならない。

例題4　右の標識のあるところでは、一時停止しなくてもよい。

【ポイントアドバイス】

- 日本語は、**文末に肯定と否定がくる**ので、最後まで文章を読まないと正誤が判断できません。
- 例題の「～しなければならない」と「～しなくてもよい」では、まったく**逆の答え**になってしまいます。

ポイント3　数字を正しく覚えよう！

例題5　原動機付自転車に荷物を積むとき、荷台から左右に0.15メートルまでずつはみ出すことができる。

例題6　原動機付自転車に荷物を積むとき、荷台から左右に0.3メートルまでずつはみ出すことができる。

【ポイントアドバイス】

- 積み荷の幅の制限は、荷台から左右にそれぞれ**0.15メートル以下**とされています。数字が出てくる問題は、その数字を正しく覚えておかないと正解できません。
- なお、長さの制限は荷台から後方に**0.3メートル以下**、高さは地上から**2メートル以下**、重さは**30キログラム以下**です。

数字が出てくる暗記場所の例（駐停車禁止場所）

ここをチェック！

- □**5メートル以内**　①交差点とその端から、②道路の曲がり角から、③横断歩道や自転車横断帯とその端から前後に。
- □**10メートル以内**　①踏切とその端から前後、②安全地帯の左側とその前後、③バスの停留所の標示板(柱)から。

正解	例題3＝○	例題4＝×	例題5＝○	例題6＝×

ポイント4 「以上、以下」は含み、「超える、未満」は含まない!

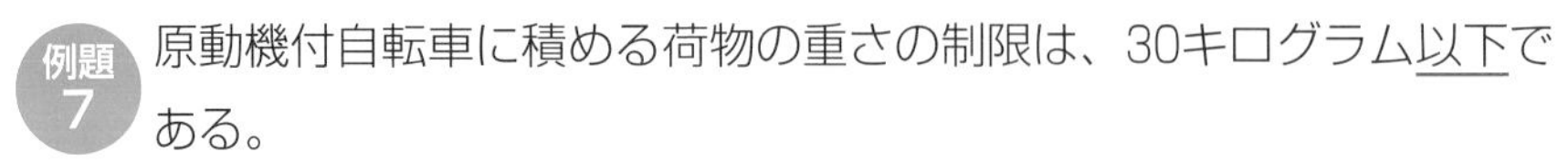

例題7 原動機付自転車に積める荷物の重さの制限は、30キログラム以下である。

例題8 原動機付自転車に積める荷物の重さの制限は、30キログラム未満である。

【ポイントアドバイス】

- 「30キロ」は含まれるか、含まれないかが問題です。原動機付自転車の重さの制限は30キログラムまでなので、「**ちょうど30**」は含まれます。
- 「**以上や以下**」は**その数字を含み**、「**未満や超える**」は**その数字を含まない**ことを覚えておきましょう。

ポイント5 ルールには原則と例外がある!

例題9 原動機付自転車では、原則として歩行者用道路を通行できない。

例題10 原動機付自転車では、どんな場合であっても歩行者用道路を通行できない。

【ポイントアドバイス】

- 歩行者用道路は、**原則として車の通行が禁止**されています。しかし、許可を受けた車は、**例外として通行**することができます。
- 交通ルールには、**例外がつきもの**です。原則とは別に、どんな例外があるのかを覚えておきましょう。

原則と例外の代表的な例

ここをチェック!

- □**追い越し禁止場所** ①トンネル。ただし、車両通行帯がある場合は除く。②交差点とその手前から30メートル以内の場所。ただし、優先道路を通行している場合を除く。
- □**黄色の灯火** 停止位置から先へ進んではいけない。ただし、停止位置に近づいていて安全に停止できないときは、そのまま進める。

正解	例題7=○ 例題8=× 例題9=○ 例題10=×

ポイント6　強調する語句には要注意！

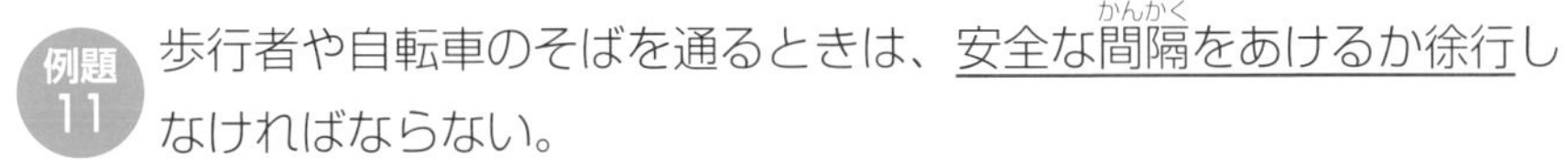

例題11 歩行者や自転車のそばを通るときは、安全な間隔（かんかく）をあけるか徐行しなければならない。

例題12 歩行者や自転車のそばを通るときは、必ず徐行しなければならない。

【ポイントアドバイス】

- 歩行者や自転車のそばを通るときは、歩行者との間に**安全な間隔をあけるか、徐行**しなければなりません。
- つまり2つの方法の**どちらかをすればいい**わけで、例題12では「**必ず**」という言葉で1つの方法に限定しています。
- 「**必ず～**」「**すべての～**」「**絶対に～**」などの強調する語句には要注意です。

ポイント7　まぎらわしい標識に注意！

例題13 右の標識は、車が通行してはいけないことを表している。

例題14 右の標識は、車が駐車してはいけないことを表している。

【ポイントアドバイス】

- 例題の標識は「**車両通行止め**」を表し、車は通行してはいけません。
- 一方、車が駐車してはいけない「**駐車禁止**」の標識は、デザインは「車両通行止め」と同じですが色が違います。**類似の標識には注意**しましょう。

まぎらわしい標識の例

ここをチェック！→ □一方通行と左折可（標示板）　□原動機付自転車の右折方法　□車線数減少と幅員減少

一方通行　と　左折可

二段階　と　小回り

車線数減少　と　幅員減少

正解	例題11＝○　例題12＝×　例題13＝○　例題14＝×

一発合格！

イラスト問題 ここがポイント

- 原付免許の学科試験では、イラスト問題が2問出題される。
- イラストをよく見て、そこにはどんな危険が潜んでいるか予測しなければならない。
- 自分が運転者の立場で、どうすれば危険を避けられるかを考えよう。

★次の問題について、正しいと思えば「○」、誤りと思えば「×」をマークしましょう。

例題 時速 5キロメートルで進行しています。交差点を右折するときは、どのようなことに注意して運転しますか？

(1) バスの後ろの状況（じょうきょう）がわからないので、バスが通過したあと、様子をよく確かめてから右折する。

(2) バスの後ろには車がいないと思うので、バスが通過したあとすぐに右折する。

(3) バスは、自分の車が右折するのを待ってくれると思うので、すぐに右折する。

【ポイントアドバイス】

(1) バスが通過したあとで、**後続車などの有無（うむ）を確認してから右折**します。

(2) **他の車がバスに追従（ついじゅう）**している可能性があります。

(3) すぐに右折せず、バスのかげから**二輪車が直進してくることを予測**し、安全を確かめます。

正 解	(1)=○ (2)=× (3)=×

危険予測1　バスのかげから二輪車が直進してくるかも…

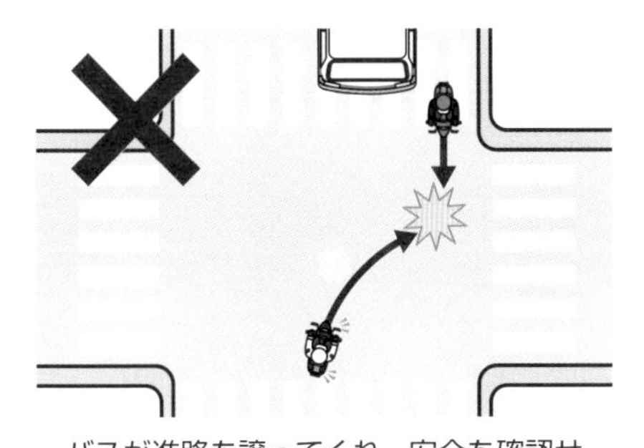

バスが進路を譲ってくれ、安全を確認せずに右折して直進してきた二輪車と衝突！

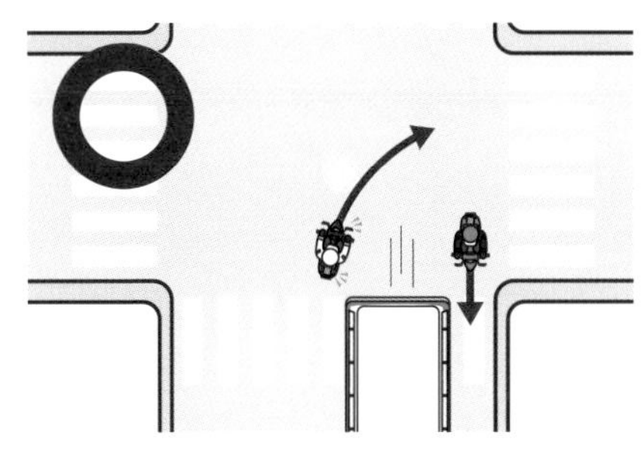

バスが通り過ぎたあとで、安全を確かめてから右折する

危険予測2　バスの直後に対向車がいるかも…

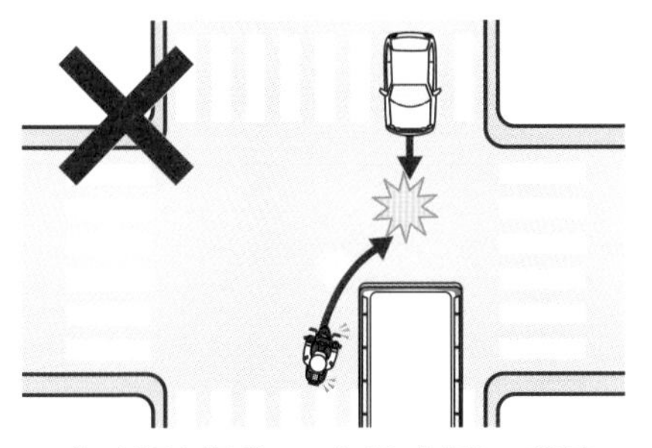

バスが通り過ぎて、すぐに右折して後続車と衝突！

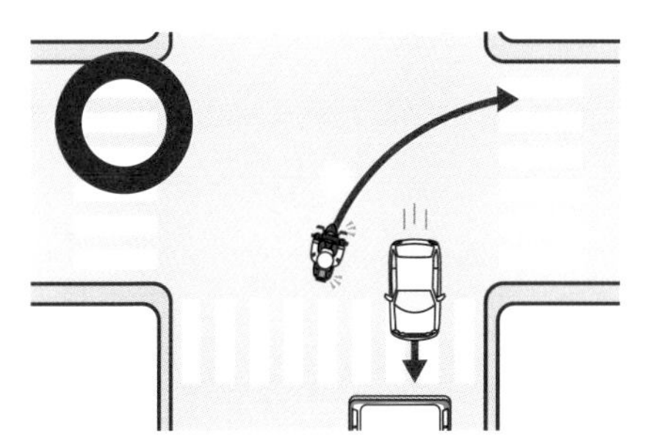

バスが通り過ぎたあと、後続車の有無を確かめてから右折する

危険予測3　歩行者が横断歩道を渡っているかも…

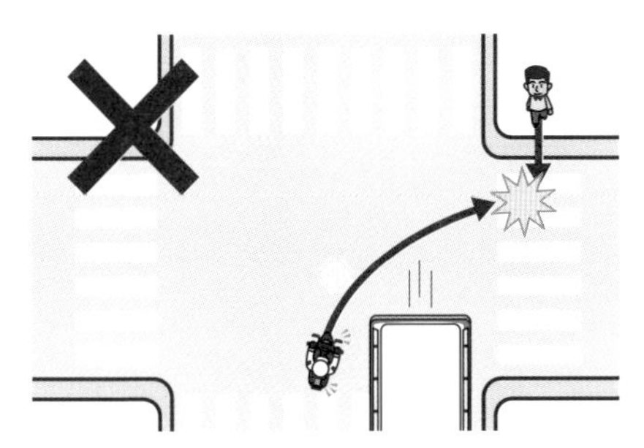

対向車が来ないことだけを確かめて右折して、横断してきた歩行者と衝突！

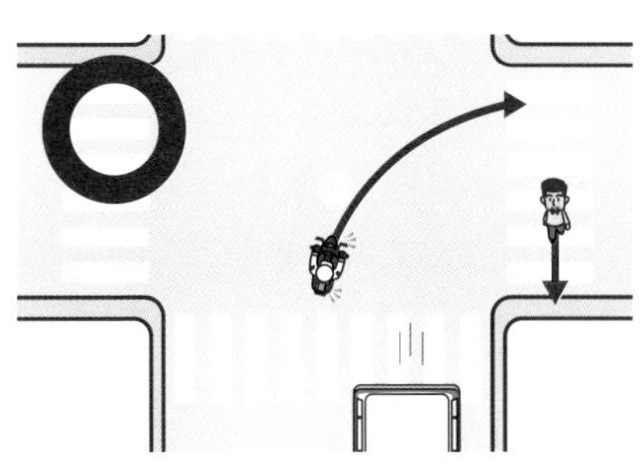

対向車の有無と、横断歩行者をよく確かめてから右折する

Contents（もくじ）

●一発合格！　文章問題ポイント7 ―― 2
●一発合格！　イラスト問題ここがポイント ―― 6

Part 1 必ず覚えよう! 最重要交通ルール早わかり

1 信号機の種類と意味 ―― 10
2 警察官などの手信号・灯火信号の意味 ―― 12
3 車が通行するところ ―― 13
4 車が通行してはいけないところ ―― 14
5 歩行者を保護する運転 ―― 15
6 緊急自動車・路線バスなどの優先 ―― 16
7 徐行しなければならない場所 ―― 17
8 追い越しの意味と方法 ―― 18
9 追い越しが禁止されている場合 ―― 19
10 追い越しが禁止されている場所 ―― 20
11 駐車と停車の違い ―― 22
12 駐車が禁止されている場所 ―― 23
13 駐停車が禁止されている場所 ―― 24
14 駐車余地と駐停車の方法 ―― 26
15 交差点の通行方法 ―― 28
16 乗車・積載のルール ―― 30

Part 2 試験に出る! 実力判定模擬テスト480題

●第1回実力判定模擬テスト　問題　32／正解とポイント解説　82
●第2回実力判定模擬テスト　問題　37／正解とポイント解説　85
●第3回実力判定模擬テスト　問題　42／正解とポイント解説　88
●第4回実力判定模擬テスト　問題　47／正解とポイント解説　91
●第5回実力判定模擬テスト　問題　52／正解とポイント解説　94
●第6回実力判定模擬テスト　問題　57／正解とポイント解説　97
●第7回実力判定模擬テスト　問題　62／正解とポイント解説　100
●第8回実力判定模擬テスト　問題　67／正解とポイント解説　103
●第9回実力判定模擬テスト　問題　72／正解とポイント解説　106
●第10回実力判定模擬テスト　問題　77／正解とポイント解説　109

■イラスト　風間康志・ホップボックス　　■編集協力　knowm

※本書の情報は、原則として2022年5月13日現在の法令等に基づいて編集しています。

必ず
覚えよう
!

Part 1

最重要
交通ルール
早わかり

最重要交通ルール1

信号機の種類と意味

間違えやすいポイント！
①青色の灯火や矢印信号の例外
→右折の場合、原付や軽車両は進めない
②点滅信号の進み方
→黄色はそのまま、赤色は一時停止

●青色の灯火信号の意味

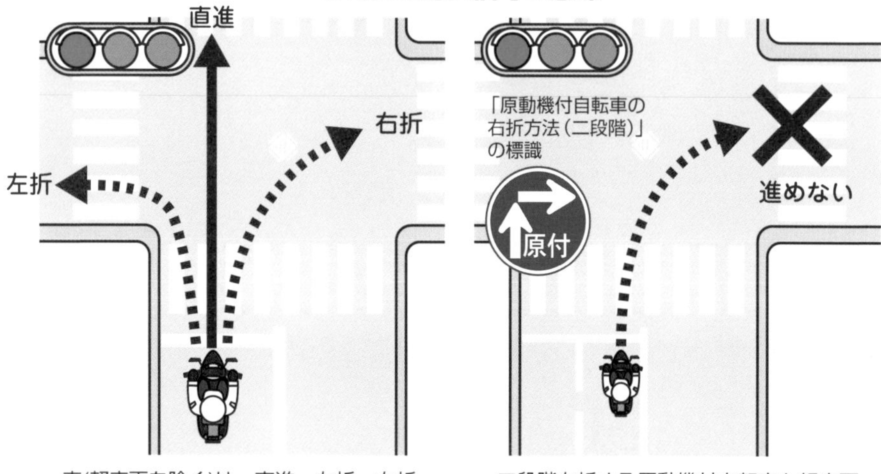

車(軽車両を除く)は、直進、左折、右折ができる

二段階右折する原動機付自転車と軽車両は右折できない

●黄色の灯火信号の意味

●赤色の灯火信号の意味

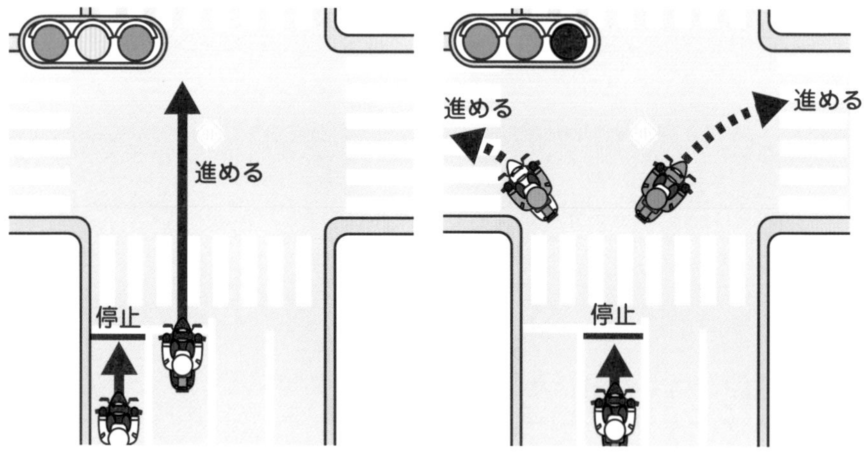

車は、停止位置から先へ進んではいけない。ただし、安全に停止できないときはそのまま進める

車は、停止位置を越えて進んではいけない。ただし、すでに右左折しているときは、そのまま進める

●青色の矢印信号の意味

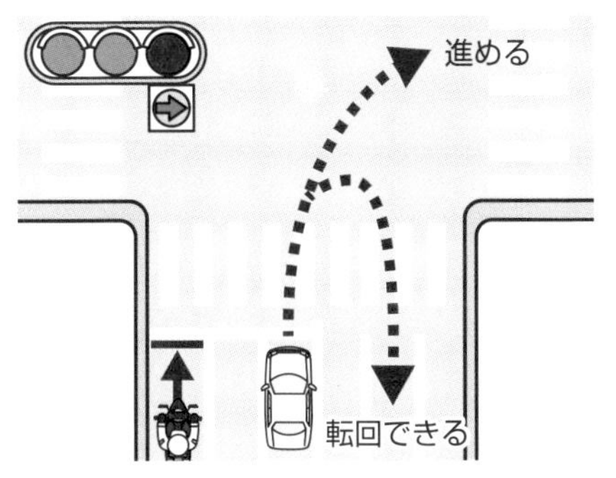

車(二段階右折する原動機付自転車と軽車両を除く)は、右折と転回ができる

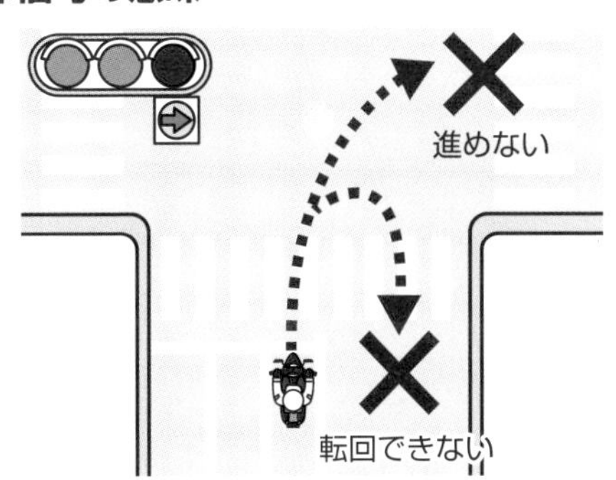

二段階右折する原動機付自転車と軽車両は、右折と転回ができない

●黄色の矢印信号の意味

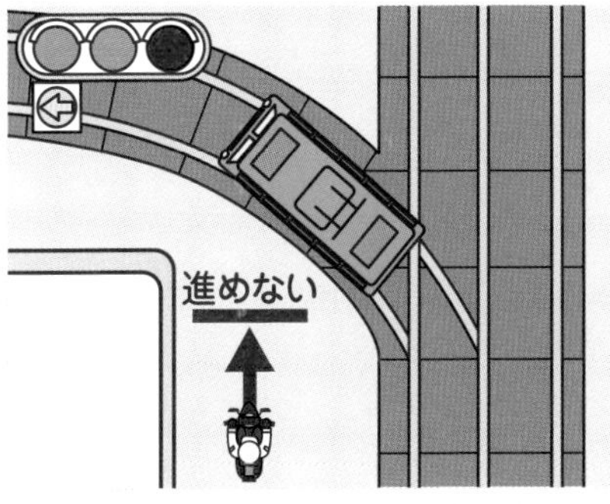

路面電車に限って、矢印の方向に進むことができる

●「左折可」の標示板の意味

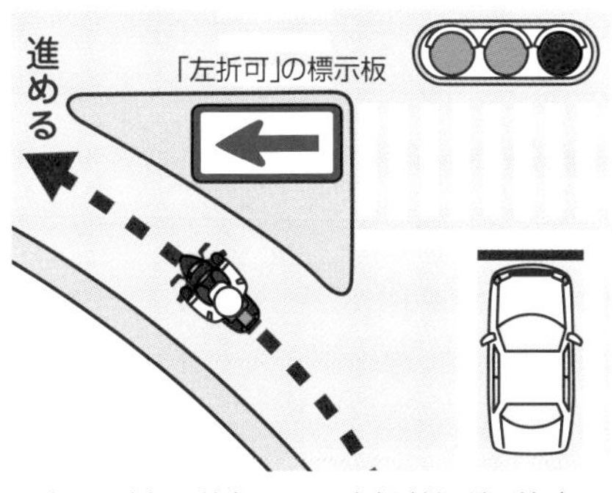

信号が赤や黄色でも、歩行者などに注意して左折できる

●黄色の点滅信号の意味

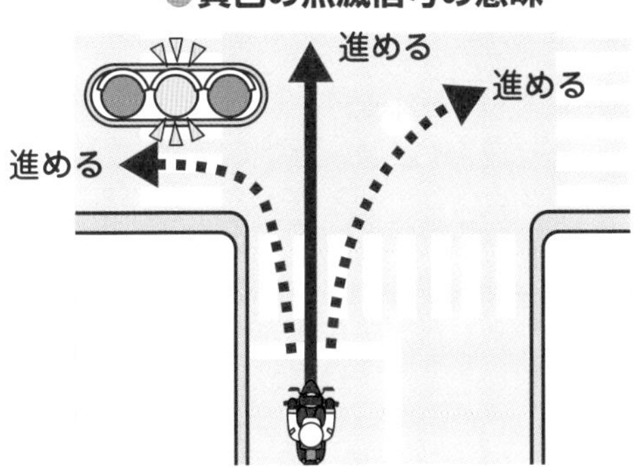

車は、他の交通に注意して進むことができる

●赤色の点滅信号の意味

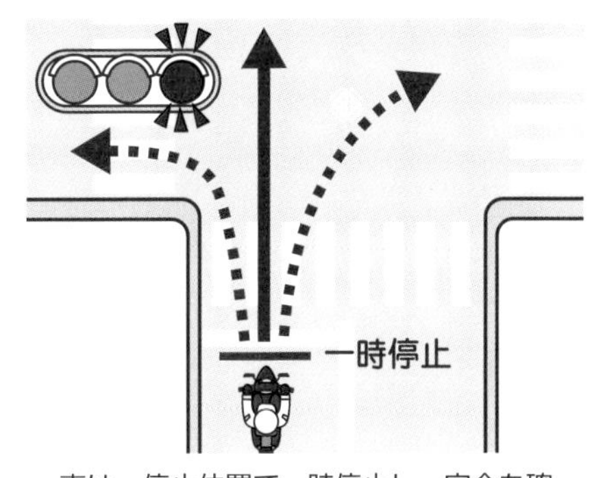

車は、停止位置で一時停止し、安全を確認したあとに進むことができる

要点チェック 車とは、自動車、原動機付自転車、軽車両のことをいいます。

最重要交通ルール2

警察官などの手信号・灯火信号の意味

間違えやすいポイント！
①警察官の身体に対面する交通
→すべて「赤信号」であることに注目
②信号機と手信号などが異なる
→警察官などの手信号・灯火信号が優先

●腕を水平に上げているとき

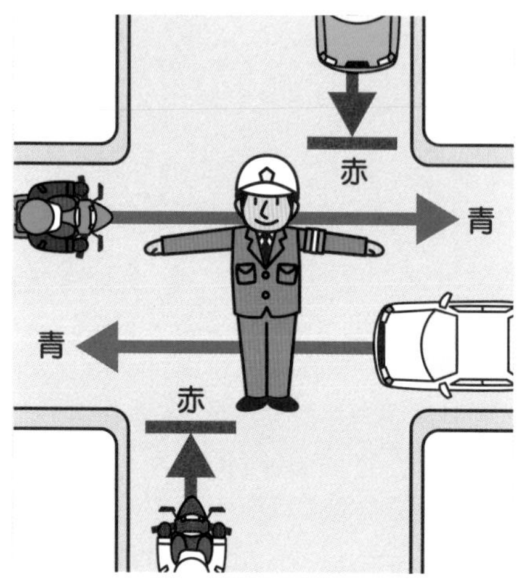

警察官などの正面に平行する交通は「青」、
対面する交通は「赤」

●腕を垂直に上げているとき

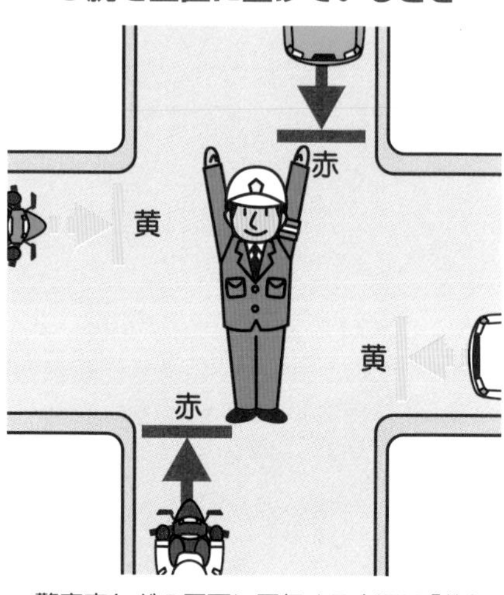

警察官などの正面に平行する交通は「黄」、
対面する交通は「赤」

●灯火を横に振っているとき

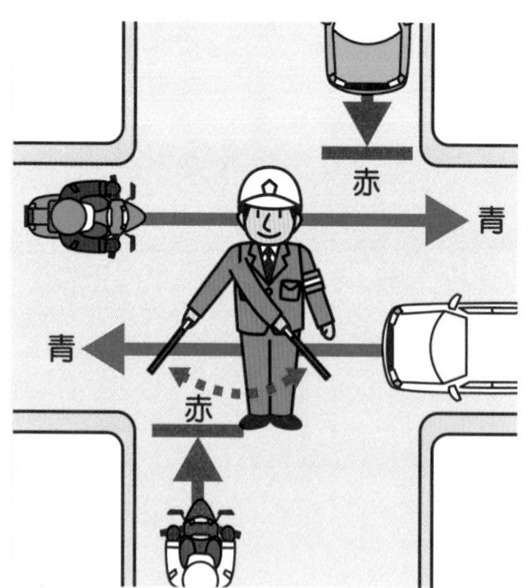

警察官などの正面に平行する交通は「青」、
対面する交通は「赤」

●灯火を頭上に上げているとき

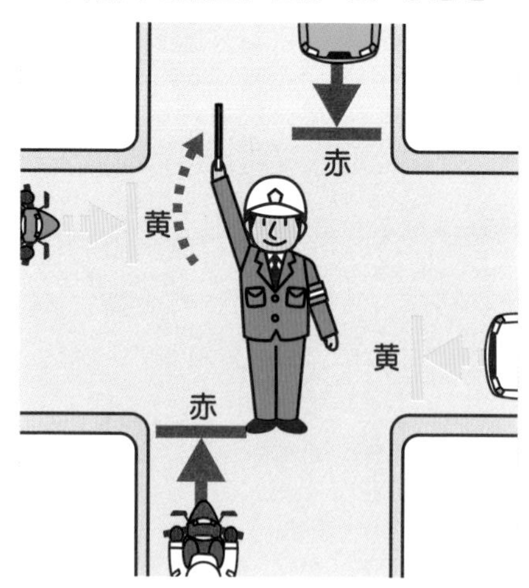

警察官などの正面に平行する交通は「黄」、
対面する交通は「赤」

要点チェック 警察官などとは、警察官と交通巡視員のことをいいます。

最重要交通ルール3

車が通行するところ

間違えやすいポイント！

①3車線以上の道路では
→原付は最も左側の通行帯を通行

②はみ出せる場合の注意点
→一方通行路以外、はみ出し方は最小限に

●左側通行の原則

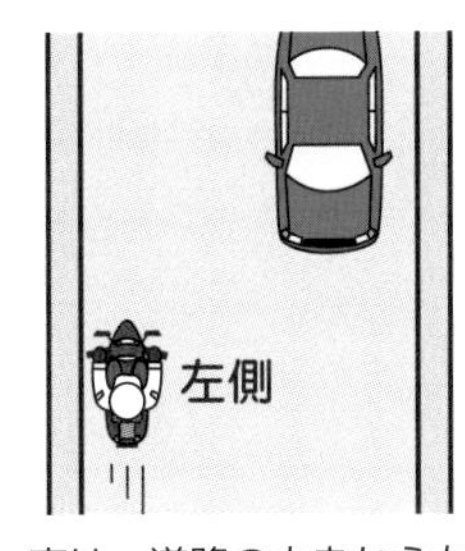

車は、道路の中央から左の部分を通行しなければならない

車両通行帯のない道路では、自動車や原動機付自転車は道路の左側に寄って通行する

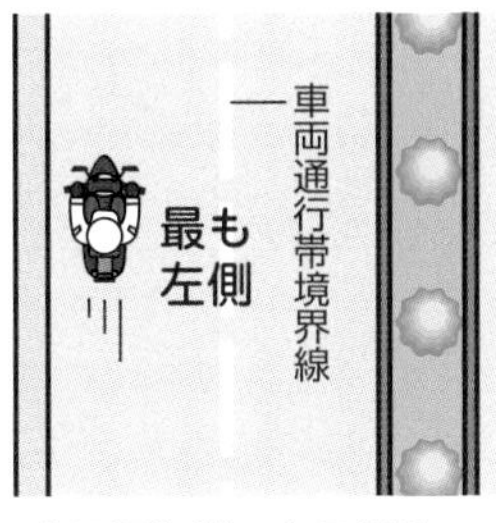

車両通行帯のある道路では、原動機付自転車は最も左側の通行帯を通行する

●左側通行の例外（道路の右側部分にはみ出して通行できる場合）

一方通行の道路

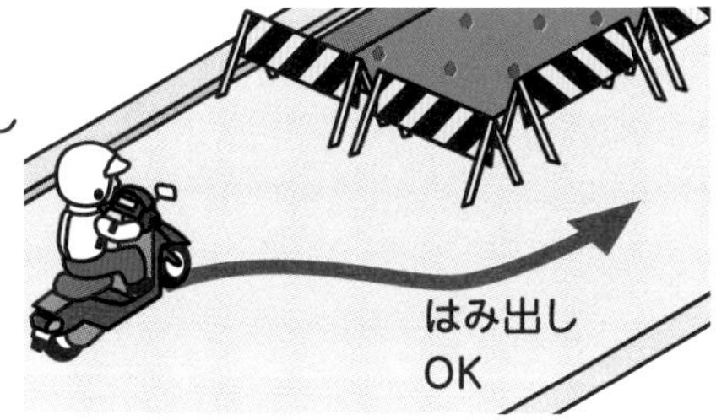

工事などのため、左側部分だけでは通行するのに十分な幅がないとき

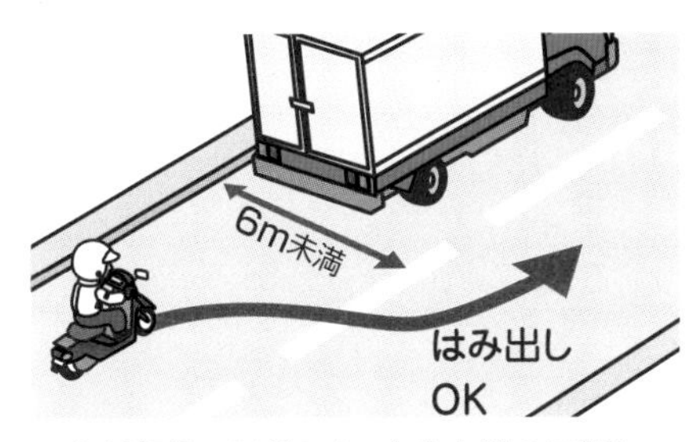

左側部分の幅が6メートル未満の見通しのよい道路で、他の車を追い越すとき（禁止されている場合を除く）

「右側通行」の標示があるとき

要点チェック 車両通行帯は、一般に「車線」や「レーン」とも呼ばれています。

最重要交通ルール4

車が通行してはいけないところ

間違えやすいポイント！

①歩道や路側帯を横切る場合
→直前で必ず一時停止

②歩行者用道路を通行できる車
→許可を受けた車でも徐行が必要

●歩道や路側帯

自動車や原動機付自転車は、原則として通行してはいけない

横切る場合は通行できる（直前で一時停止すること）

●歩行者用道路

車は、原則として通行してはいけない

その先に車庫をもつ車などで、とくに通行が認められた車だけは通行できる（徐行が必要）

要点チェック 「車両通行止め」の標識や「立入り禁止部分」の標示のある場所も、通行禁止。

歩行者を保護する運転

間違えやすいポイント！

①歩行者や自転車のそば
→安全な間隔をあけるか、徐行

②子ども、高齢者、体が不自由な人
→一時停止か徐行

●歩行者や自転車のそばを通るとき

安全な間隔をあけるか、徐行しなければならない

●子どもや体の不自由な人が通行しているとき

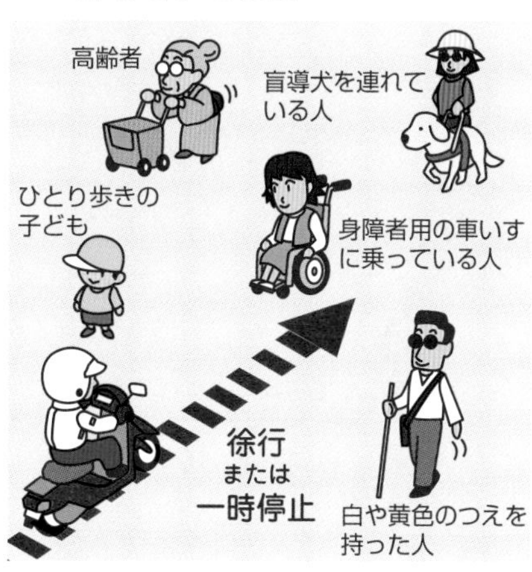

一時停止か徐行して、安全に通行できるようにする

●歩行者が横断歩道を横断しているとき

一時停止して、歩行者に道を譲らなければならない

●横断歩道の直前に車が止まっているとき

前方に出る前に一時停止して、歩行者の有無を確かめる

要点チェック 横断歩道のないところでも、歩行者の通行を妨げてはいけません。

最重要交通ルール6

緊急自動車・路線バスなどの優先

間違えやすいポイント！

①交差点付近で緊急自動車が接近
→交差点を避けて左側に一時停止

②交差点付近以外で緊急自動車が接近
→左側に寄る（徐行の必要なし）

●緊急自動車が接近してきたら

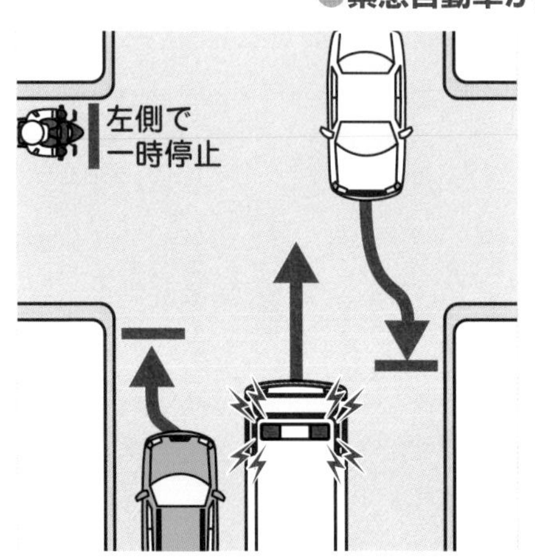

交差点やその付近では、道路の左側に寄り、交差点を避けて一時停止する

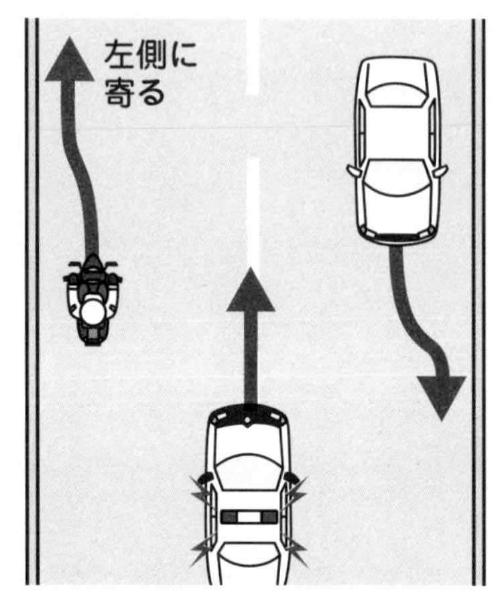

交差点やその付近以外の場所では、道路の左側に寄って進路を譲る

（注）一方通行の道路で、左側に寄ると緊急自動車の通行を妨げるときは、右側に寄る

●路線バスなどが接近してきたら

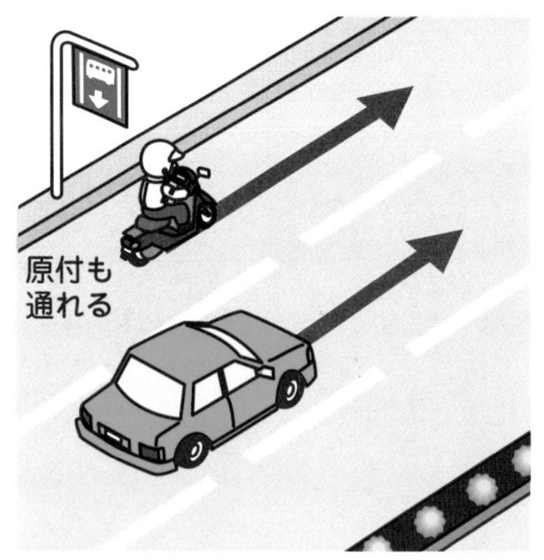

原動機付自転車は、バスなどの「専用通行帯」や「優先通行帯」でも通行することができる

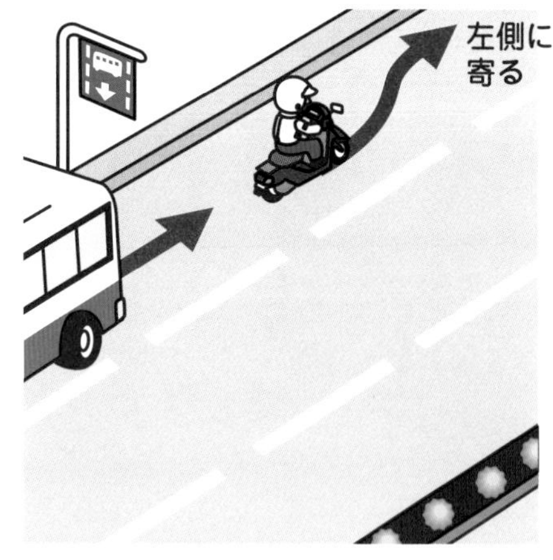

バスなどが近づいてきたら、原動機付自転車は左側に寄って進路を譲る

要点チェック　バスなどとは、路線バスや通学通園バスなどのことをいいます。

最重要交通ルール7

徐行しなければならない場所

間違えやすいポイント！

①道路の曲がり角付近
→見通しのよし悪しは関係がない

②坂道での徐行場所
→こう配の急な上り坂は指定外

●徐行場所

「徐行」の標識があるところ

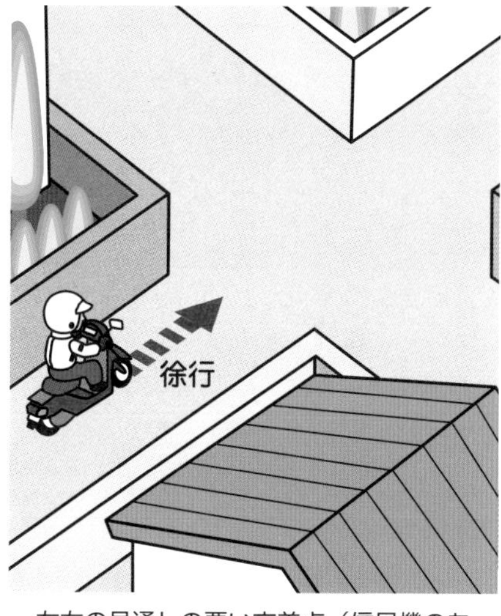

左右の見通しの悪い交差点（信号機のある場合や優先道路の場合を除く）

道路の曲がり角付近

上り坂の頂上付近やこう配の急な下り坂

要点チェック 徐行とは、車がすぐに停止できるような速度で進行すること。

追い越しの意味と方法

間違えやすいポイント!

①追い越しと追い抜きの違い
→進路を変えるか変えないか

②追い越すときの原則
→車は右側、路面電車は左側

●追い越しとは？

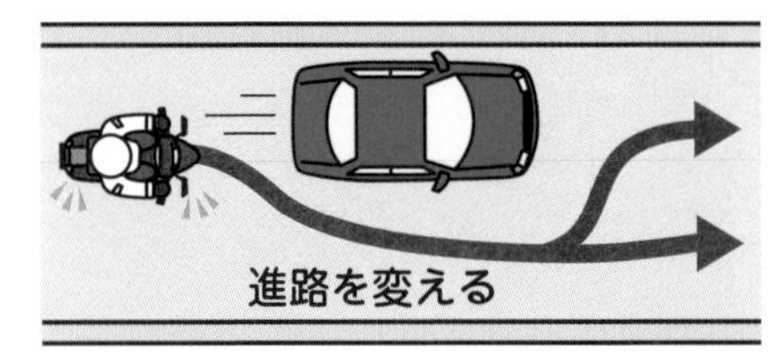

車が進路を変えて、進行中の前車の前方に出ること

●追い抜きとは？

車が進路を変えないで、進行中の前車の前方に出ること

●他の車を追い越すとき

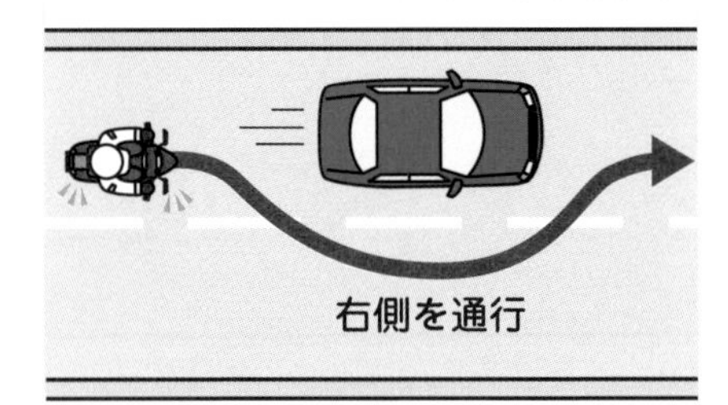

前車の右側を通行するのが原則

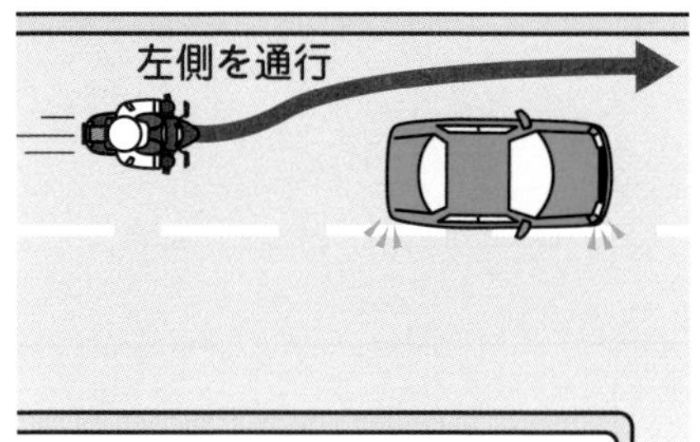

前車が右折するため道路の中央（一方通行の道路では右端）に寄って通行しているときは、その左側を通行する

●路面電車を追い越すとき

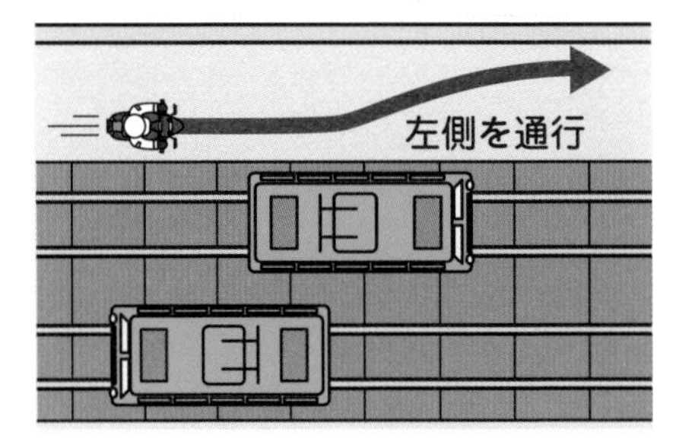

左側を通行するのが原則

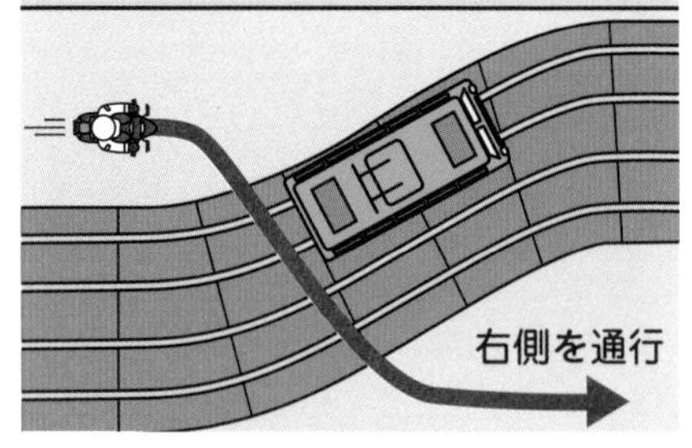

レールが左端に寄って設けられている場合は、右側を通行する

要点チェック 追い越しには危険が伴うので、できるだけしないようにします。

最重要交通ルール9

追い越しが禁止されている場合

間違えやすいポイント！

①二重追い越しの意味
→追い越すのが自動車の場合

②追い越される場合
→速度を上げずに左側に寄る

●こんな場合は追い越し禁止

前の車が自動車を追い越そうとしているとき（二重追い越し）

前の車が右折などのため右側に進路を変えようとしているとき

追い越しをすると、前車や対向車の進行を妨げるようなとき

後ろの車が自分の車を追い越そうとしているとき

要点チェック 原動機付自転車は、自動車には含まれません。

追い越しが禁止されている場所

間違えやすいポイント！

①坂道での禁止場所
→こう配の急な上り坂は指定外

②数字が出てくる禁止場所
→すべて手前から30メートル以内

●追い越し禁止場所

標識により追い越しが禁止されている場所

道路の曲がり角付近

上り坂の頂上付近

こう配の急な下り坂

トンネル

【例外】追い越しができる場合

車両通行帯がある場合は禁止されていない

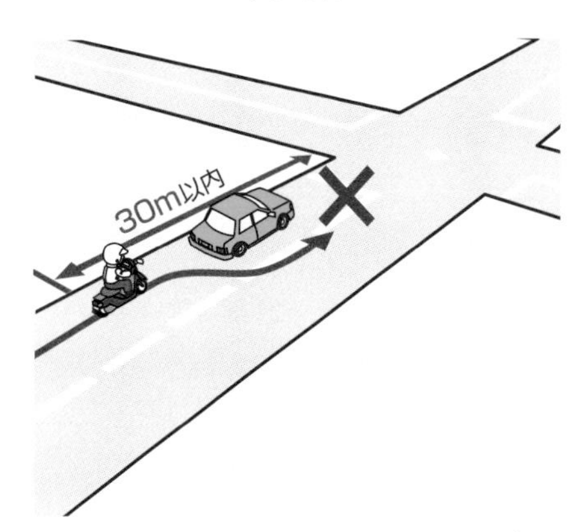

交差点とその手前から30メートル以内の場所

【例外】追い越しができる場合

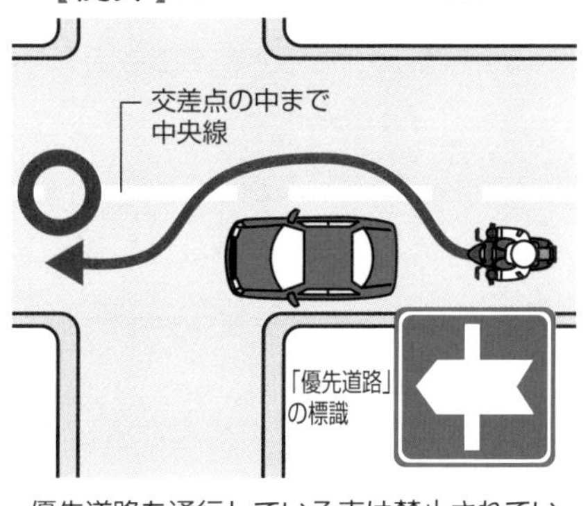

優先道路を通行している車は禁止されていない

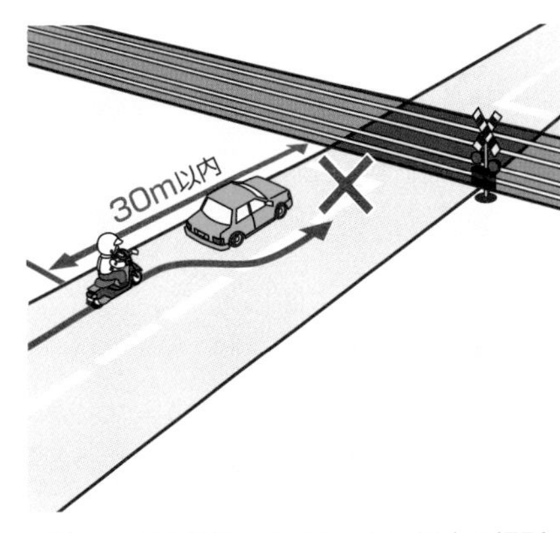

踏切とその手前から30メートル以内の場所

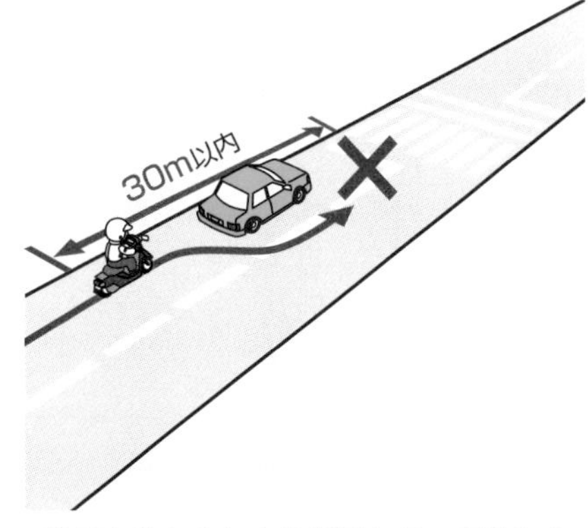

横断歩道や自転車横断帯とその手前から30メートル以内の場所

要点チェック 自転車などの軽車両は、禁止場所でも追い越すことができます。

駐車と停車の違い

間違えやすいポイント！

①荷物の積みおろしのための停止	②人の乗り降りのための停止
→5分以内は「停車」、5分を超えると「駐車」	→時間に関係なく「停車」

●駐車とは？

運転者が車から離れていて、すぐに運転できない状態での停止

【例】こんな場合は駐車！

5分を超える荷物の積みおろしのための停止

人待ちや荷物待ちによる停止

●停車とは？

運転者がすぐに運転できる状態での短時間の停止

【例】こんな場合は停車！

人の乗り降りのための停止

5分以内の荷物の積みおろしのための停止

要点チェック 故障による継続的な停止も「駐車」になります。

最重要交通ルール12

駐車が禁止されている場所

間違えやすいポイント!

①駐車禁止の標示
→黄色の破線。実線は駐停車禁止

②自動車用の出入口
→車の関係者でも駐車禁止

●駐車禁止場所

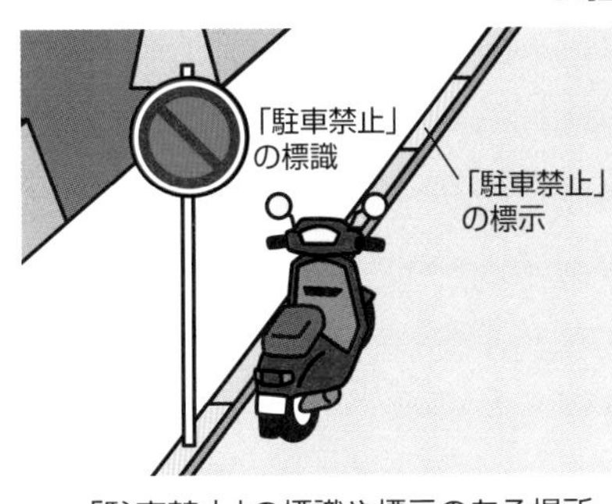

「駐車禁止」の標識や標示のある場所

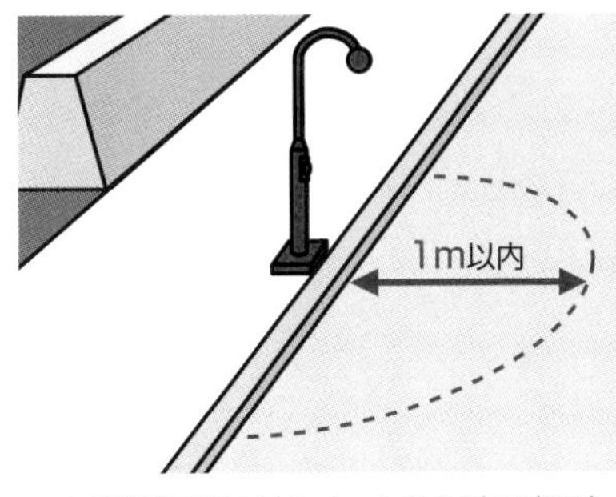

火災報知機から1メートル以内の場所

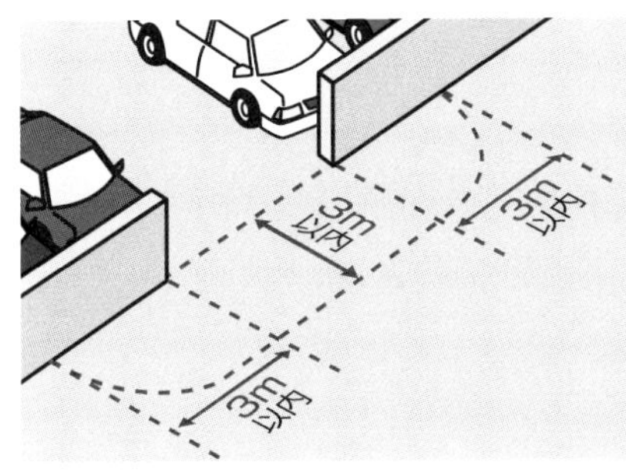

駐車場、車庫などの自動車用の出入口から3メートル以内の場所

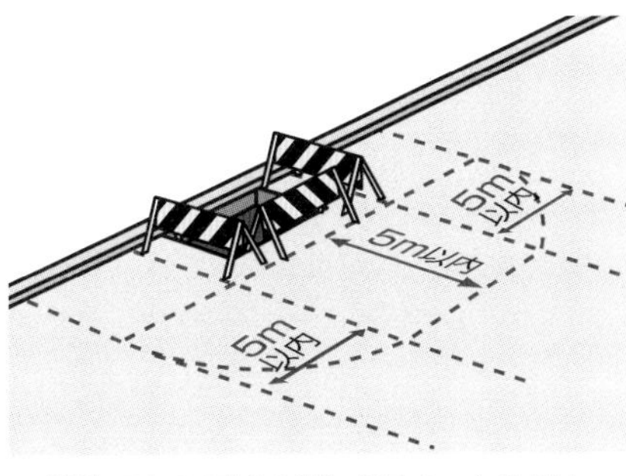

道路工事の区域の端から5メートル以内の場所

消防用機械器具の置場、防火水槽、これらの道路に接する出入口から5メートル以内の場所

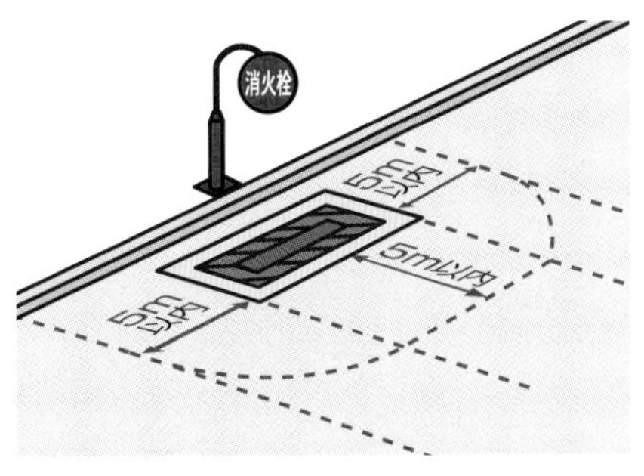

消火栓、指定消防水利の標識がある位置や、防火水槽の取入れ口から5メートル以内の場所

要点チェック 6か所のうち、消防関係が半分の3つ。数字関係は、1・3・5メートル。

最重要交通ルール13

駐停車が禁止されている場所

間違えやすいポイント！

①坂道での駐停車禁止場所
→こう配の急な上り坂、下り坂の両方

②トンネル内
→車両通行帯の有無には関係ない

●駐停車禁止場所

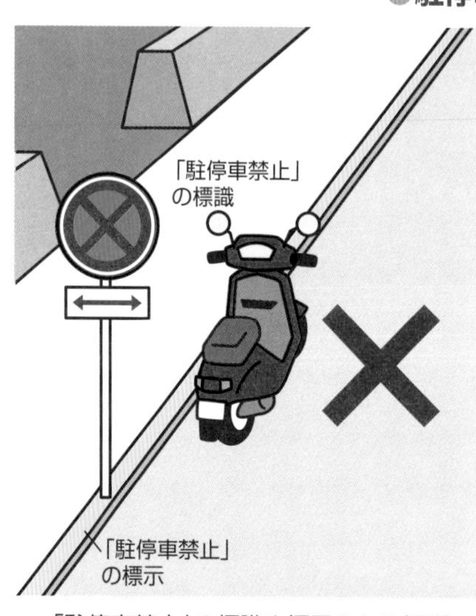

「駐停車禁止」の標識や標示のある場所

軌道敷内

坂の頂上付近やこう配の急な坂（上りも下りも）

トンネル（車両通行帯があってもなくても）

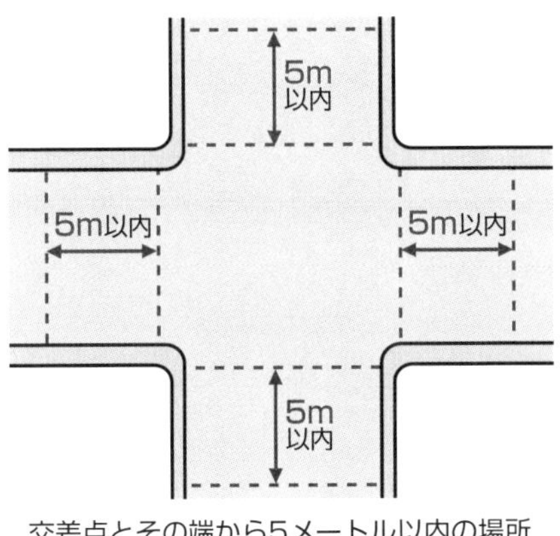

交差点とその端から5メートル以内の場所

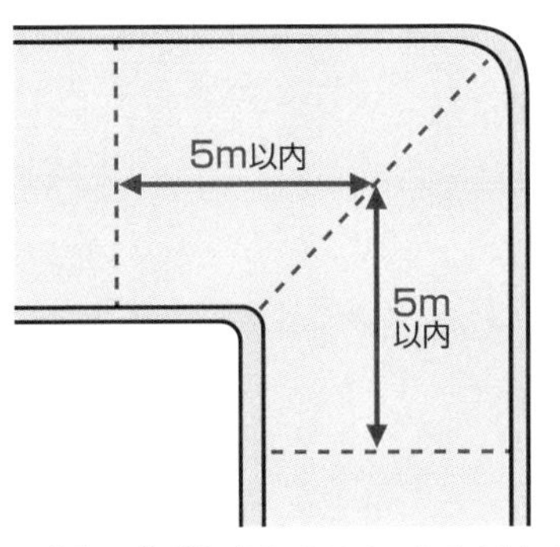

道路の曲がり角から5メートル以内の場所

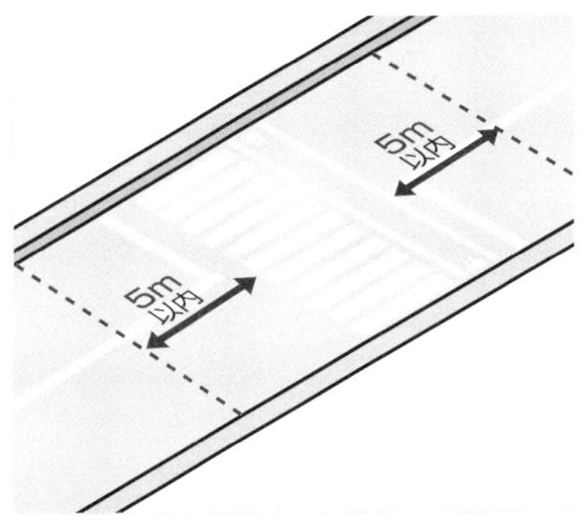

横断歩道や自転車横断帯とその端から前後5メートル以内の場所

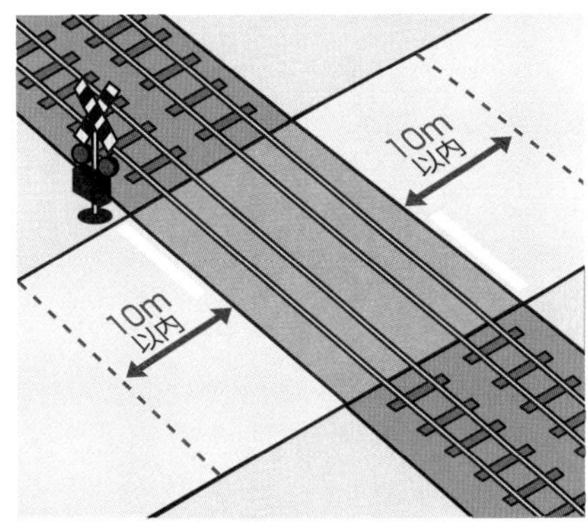

踏切とその端から前後10メートル以内の場所

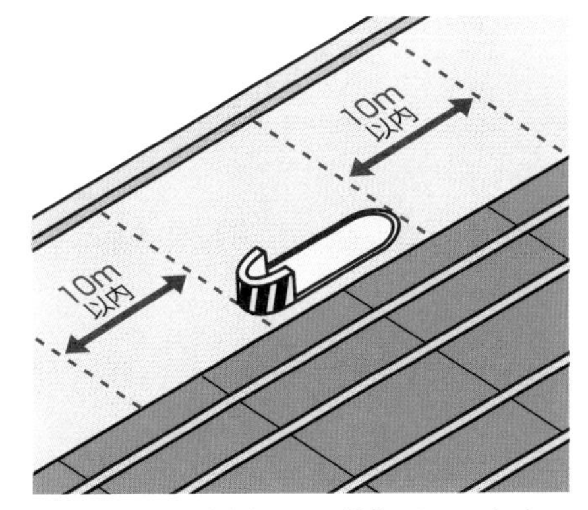

安全地帯の左側とその前後10メートル以内の場所

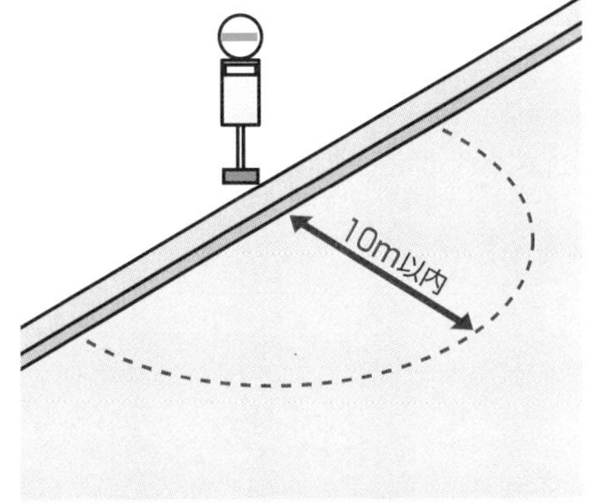

バス、路面電車の停留所の標示板（柱）から10メートル以内の場所（運行時間中に限る）

要点チェック 法令に従うため、危険防止のため一時停止する場合などは停止できます。

最重要交通ルール14

駐車余地と駐停車の方法

間違えやすいポイント！

①無余地駐車の2つの例外
→荷物の積みおろしと傷病者の救護

②路側帯に入って駐停車できる場合
→1本線の幅の広い場合だけ

●無余地駐車の禁止

車の右側に3.5メートル以上の余地がない場所では、駐車してはいけない

標識により余地が指定されている場合は、示された長さ以上の余地をあける

●無余地駐車の例外

荷物の積みおろしで運転者がすぐに運転できるときは駐車できる

傷病者の救護のためやむを得ないときは駐車できる

●駐停車の方法

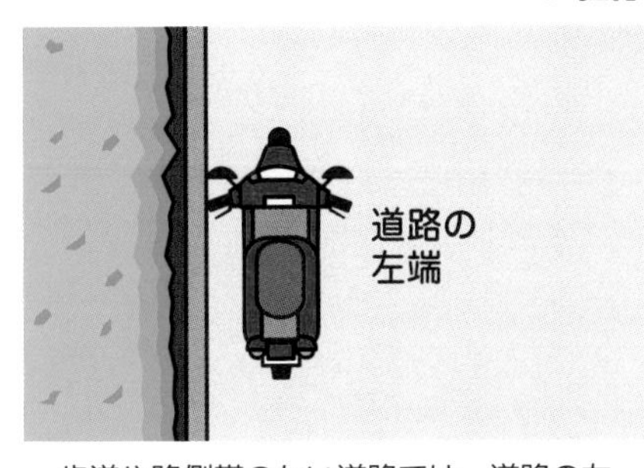

歩道や路側帯のない道路では、道路の左端に沿う

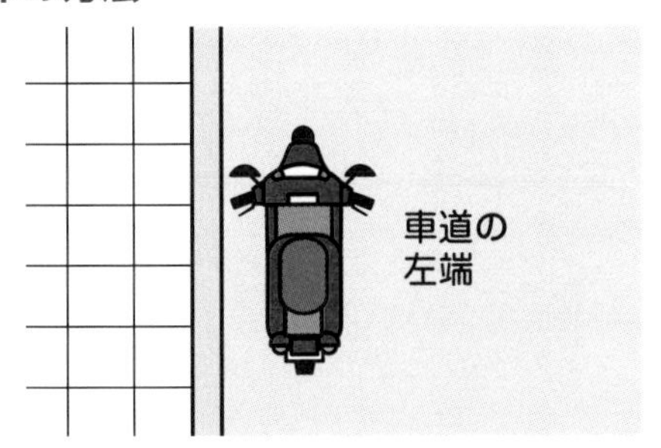

歩道のある道路では、車道の左端に沿う

●1本線の路側帯がある道路では

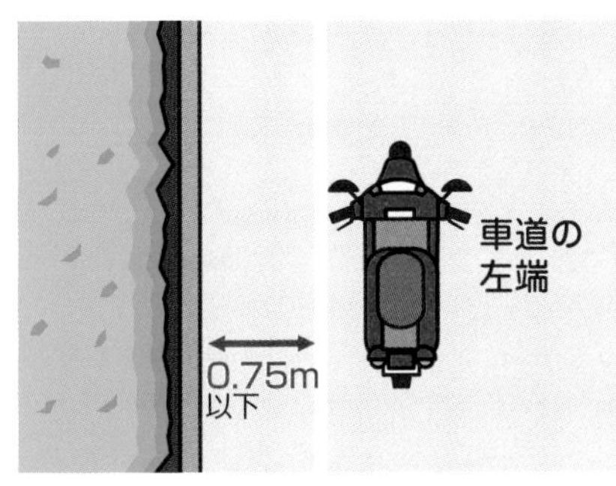

路側帯の幅が0.75メートル以下のときは、車道の左端に沿う

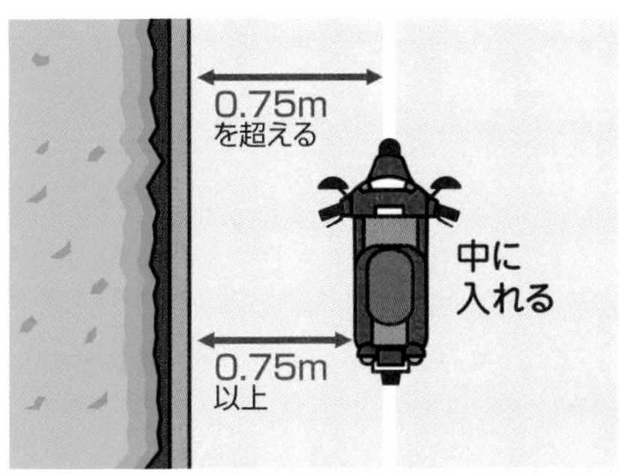

路側帯の幅が0.75メートルを超えるときは、路側帯に入り0.75メートル以上の余地をあける

●2本線の路側帯がある道路では

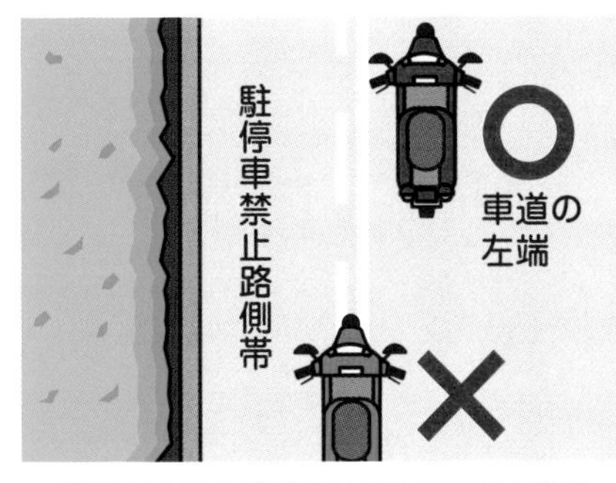

実線と破線の路側帯は「駐停車禁止路側帯」を表し、その中に入って止めてはいけない

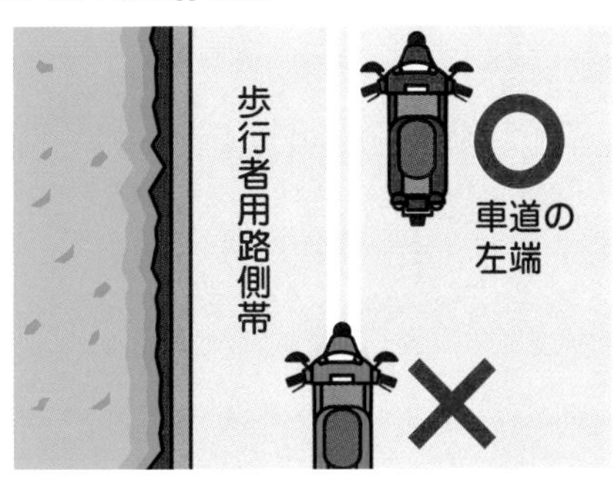

2本の実線の路側帯は歩行者だけが通行できる「歩行者用路側帯」を表し、その中に入って止めてはいけない

要点チェック 路側帯とは、白線で示された道路の端の帯状の部分をいいます。

最重要交通ルール15

交差点の通行方法

間違えやすいポイント！

①原動機付自転車の右折方法
→小回りと二段階の2種類がある

②信号がなく道幅が同じ
→路面電車、左方の車が優先

●左折の方法

徐行

左端に
寄る

あらかじめできるだけ道路の左端に寄り、交差点の側端に沿って徐行しながら通行する

●右折の方法（小回り）

徐行

中央に
寄る

あらかじめできるだけ道路の中央（一方通行路では右端）に寄り、交差点の中心のすぐ内側（一方通行路では内側）を徐行しながら通行する

●右折の方法（二段階）

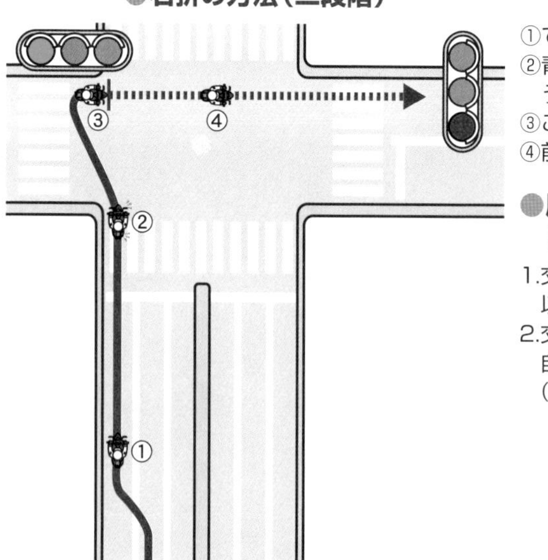

①できるだけ道路の左端に寄る。
②青信号で徐行しながら交差点の向こう側までまっすぐ進む。
③この地点で止まって向きを変える。
④前方の信号が青になってから進む。

●原動機付自転車が二段階右折しなければならない交差点

1. 交通整理の行われている片側3車線以上の交差点
2. 交通整理が行われていて、「原動機付自転車の右折方法（二段階）」の標識（下記）がある交差点

●交通整理の行われていない交差点での優先関係

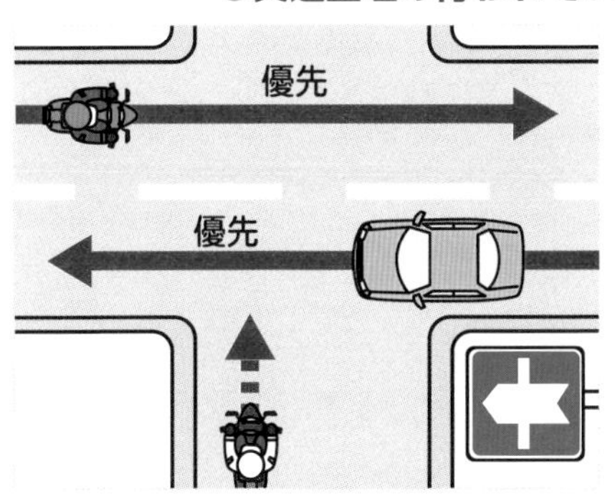

優先道路を通行する車の通行を妨げてはいけない

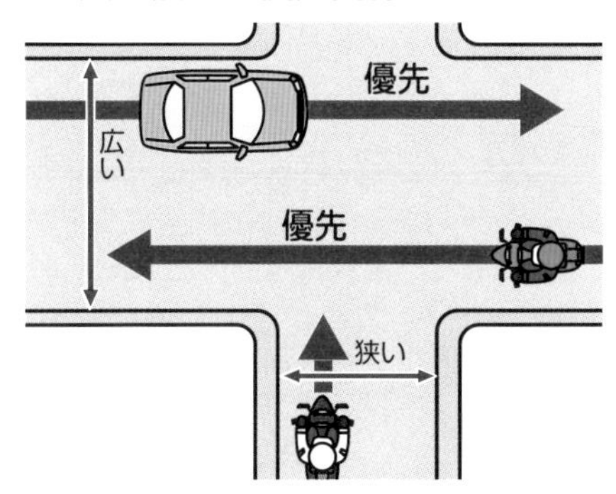

道幅が広い道路を通行する車の進行を妨げてはいけない

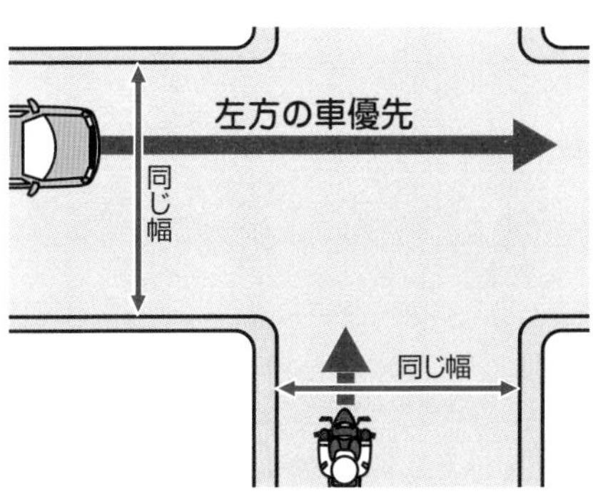

道幅が同じような道路では、左方から進行してくる車の進行を妨げてはいけない

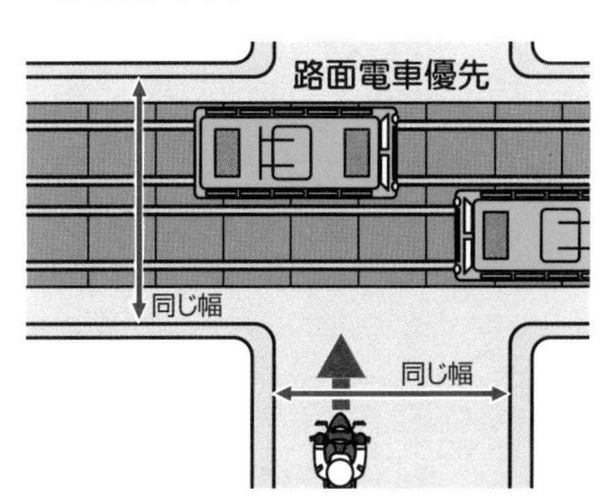

道幅が同じような道路では、路面電車の進行を妨げてはいけない

●交差点を通行するときの注意点

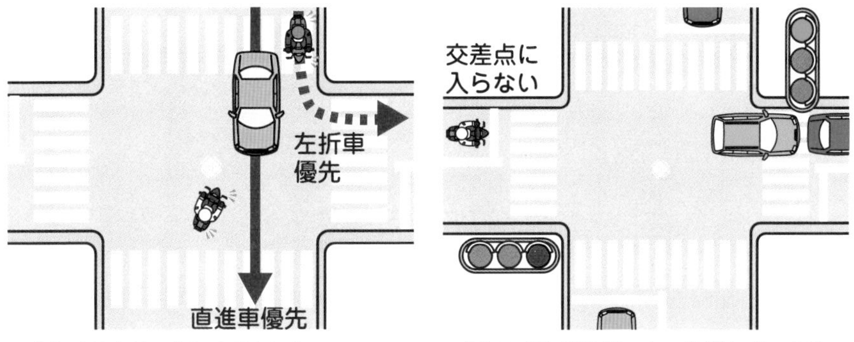

右折する車は、先に交差点に入っていても、直進または左折する車の進行を妨げてはいけない

正面の信号が青色でも、渋滞などで交差点内で止まってしまうようなときは、交差点に入ってはいけない

乗車・積載のルール

間違えやすいポイント！
①荷物の長さ・幅
→長さ0.3m以下、幅左右に0.15m以下
②荷物の高さ
→荷台からではなく地上から2m以下

●乗車定員は1名

原動機付自転車の乗車定員は運転者のみ1名。二人乗りはできない

●けん引

原動機付自転車は、リヤカーを1台けん引することができる

●荷物の大きさの制限

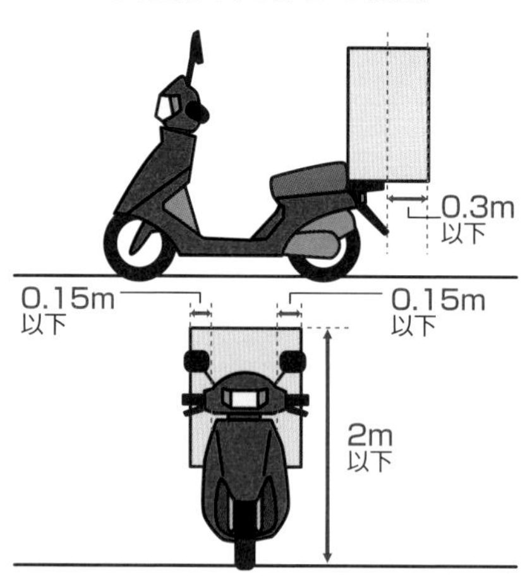

高さは地上から2メートルまで、
幅は荷台から左右0.15メートルまで、
長さは荷台から0.3メートルまで

●荷物の重さの制限

荷台には30キログラムまで荷物を積むことができる(リヤカーには120キログラムまで)

要点チェック 荷物の大きさの制限は、自動二輪車の場合も同じです。

Part 2

試験に出る！

実力判定 模擬テスト 480題

第1回 実力判定 模擬テスト

[正解・解説は82～84ページ]

●時間：30分　●合格：45点以上
●配点：問1～問46→1問1点
問47・問48→1問2点
（3つすべて正解の場合）

次の問題の正しいものは「正」、誤っているものは「誤」に印をつけなさい。
（記入例：正 誤、正 誤、正 誤）

正 誤 **問1** 長時間運転することは危険なので、2時間に1回程度の休憩（きゅうけい）時間をとって、ゆとりのある走行計画を立てるようにする。

正 誤 **問2** 踏切を通過するときは、見通しがよく安全が確認できたときでも、一時停止をしなければならない。

正 誤 **問3** 踏切内では、早く通過するため、すばやくギアチェンジをして一気に通過する。

正 誤 **問4** 中央線は、必ずしも道路の中央にあるとは限らない。

正 誤 **問5** 踏切とその手前30メートル以内の場所では、追い越しが禁止されている。

正 誤 **問6** 1図の標識は、安全地帯を表している。

正 誤 **問7** 車を運転することがわかっている人に酒を飲ませれば、飲ませた人も罪に問われることがある。

正 誤 **問8** 「徐行（じょこう）」の標識がある見通しのきかない交差点では、必ず警音器（けいおんき）を鳴らさなければならない。

1図

正 誤 **問9** 疲れているとき、病気のとき、心配ごとがあるときなどは、車の運転を控（ひか）えたほうがよい。

正 誤 **問10** 対面する信号が「黄色の灯火（とうか）の点滅」を表示している場合は、他の交通に注意して進行することができる。

正 誤 **問11** 2図の標示板のある交差点では、前方の信号が赤色や黄色であっても、まわりの交通に注意して左折することができる。

2図

正 誤 **問12** ブレーキが効（き）き始めてから車が停止するまでの距離を空走（くうそう）距離という。

正 誤 **問13** 交通が渋滞しているときは、車両通行帯に関係なく通行してもかまわない。

正 誤 **問14** 前の車が交差点や踏切などで停止や徐行をしているときは、その車の前に割り込んだり、その前を横切ったりしてはならない。

正 誤 **問15** 児童や園児などの乗り降りのため止まっている通学通園バスのそばを通るときは、徐行して安全を確かめなければならない。

正 誤 **問16** 左側部分の幅が6メートル以上の見通しのよい道路で前の車を追い越そうとするときは、道路の中央から右側部分を通行することができる。

正 誤 **問17** 警察署の前の道路で「停止禁止部分」の標示のある場所では、その中に入って動きがとれなくなるおそれがあるときは、その中に入ってはならない。

正 誤 **問18** 3図の標識のあるところでは、原動機付自転車は時速40キロメートルで走行しなければならない。

正 誤 **問19** 原動機付自転車を選ぶ場合、またがったときにつま先が地面に届かないものは大きすぎる。

40

3図

正 誤 **問20** 雨の日は路面が滑りやすくなっているので、速度を落とし、車間距離を多めにとるようにする。

正 誤 **問21** 制動距離や遠心力は、速度が2倍になると制動距離は2倍になるが、遠心力は4倍になる。

正 誤 **問22** 道路外に出るため歩道や路側帯を横断するときは、歩行者の有無にかかわらず、歩道や路側帯の直前で一時停止しなければならない。

正 誤 **問23** 雪道を走行するときは、できるだけ車の通った跡を選んで走るようにしたほうがよい。

正 誤 **問24** 警察官が灯火を頭上に上げている場合は、すべての交通に対して赤信号を意味する。

正 誤 **問25** 4図の標示は、その前方に交差点があることを表している。

4図

正 誤 **問26** 通行に支障のある高齢者が通行していたが、原動機付自転車を運転している場合は、そのままそばを通過してよい。

正 誤 **問27** 信号機のある交差点でも、左右の見通しがきかない場所では、徐行しなければならない。

正 誤 **問28** 対面する信号が黄色の灯火のときは、他の交通に注意しながら進行することができる。

正 誤 **問29** 環状交差点に入るときは、環状交差点から30メートル手前の地点で合図を行う。

正 誤 **問30** 5図の標識は、「学校、幼稚園、保育所などあり」を表している。

5図

正 誤 **問31** 横断歩道のない交差点では歩行者の横断が禁止されているので、歩行者が横断しているときは、警音器を鳴らして注意を促すようにする。

正 誤 **問32** 追い抜きとは、車が進路を変えずに進行中の前車の前方に出ることである。

正 誤 **問33** 片側が転落のおそれのあるがけになっている狭い道路で行き違いをするときは、がけ側の車が停止して道を譲るようにする。

正 誤 **問34** 交通整理の行われていない交差点に入ろうとしたところ、交差する道路が優先道路であるときは、徐行しなければならない。

正 誤 **問35** 原動機付自転車の荷台に荷物を積む場合、荷台から荷物がはみ出すような積み方をしてはならない。

正 誤 **問36** 火災報知機から1メートル以内の場所は、駐車と停車が禁止されている。

正 誤 **問37** 6図の標識は直進と左折の禁止を表しているので、右折はすることができる。

6図

正 誤 **問38** 交差点で右折しようとするときは、あらかじめできるだけ道路の中央に寄り、交差点の中心のすぐ外側を徐行しなければならない（一方通行の道路を除く）。

正 誤 **問39** トンネル内は、車両通行帯のあるなしにかかわらず、駐停車が禁止されている。

正 誤 **問40** 対向車と正面衝突のおそれがある場合、道路外が危険な場所でなくても道路外に出てはならない。

正 誤 **問41** 右折や左折をするときは、右左折をしようとする地点(交差点ではその交差点)の30メートル手前で合図をする。

正 誤 **問42** 7図の標識のある交差点では、原動機付自転車は右折することができない。

正 誤 **問43** 夜間でも100メートル先が見えるときは、前照灯や尾灯などをつけずに運転してもよい。

7図

正 誤 **問44** 決められた速度の範囲内であっても、道路や交通の状況を考えて、安全な速度で走行するのがよい。

正 誤 **問45** 右左折のため進路変更するときは、合図をすれば優先して進路を変えることができる。

正 誤 **問46** バスなどの専用通行帯は、原動機付自転車であっても、その通行帯を通行することはできない。

問47 時速20キロメートルで進行しています。交差点を直進するときは、どのようなことに注意して運転しますか？

正 誤 ⑴二輪車が左折中の乗用車を避けて自分の車の前方に進路を変更してくると危険なので、乗用車との車間距離をつめて進行する。

正 誤 ⑵前の乗用車や二輪車が急に止まるかもしれないので、速度を落として進行する。

正 誤 ⑶交差点の前方の状況(じょうきょう)が見えないので、前の乗用車や二輪車の動きに注意しながら、乗用車の右側に出て速度を上げて進行する。

問48 時速30キロメートルで進行しています。トンネルに進入するときは、どのようなことに注意して運転しますか？

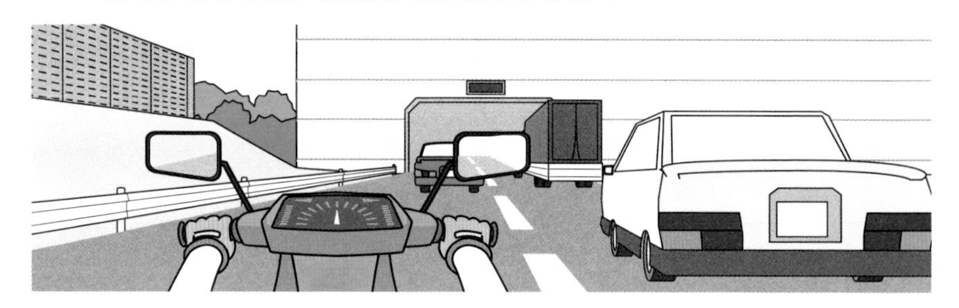

正 誤 ⑴前の車が急に速度を落とすかもしれないので、車間距離を十分にとる。

正 誤 ⑵このままトンネルに入ると、視力が急激(きゅうげき)に低下するので、あらかじめ手前で速度を落として進行する。

正 誤 ⑶このままトンネルに入ると、視力が急激に低下するので、加速して前車との車間距離をつめる。

第2回 実力判定 模擬テスト

[正解・解説は85～87ページ]

●時間：30分　●合格：45点以上
●配点：問1～問46→1問1点
問47・問48→1問2点
（3つすべて正解の場合）

次の問題の正しいものは「正」、誤っているものは「誤」に印をつけなさい。
（記入例：正 誤、正 誤、正 誤）

正 誤 **問1** 停止しようとするときは、約3秒前に合図をしなければならない。

正 誤 **問2** 原動機付自転車に積載する荷物は、積載装置（せきさいそうち）の左右からそれぞれ0.3メートルずつはみ出してもよい。

正 誤 **問3** カーブでは遠心力（えんしんりょく）が働くので、手前の直線部分で十分速度を落とさなければならない。

正 誤 **問4** 車を追い越すときは、どんな場合でも右側を通行しなければならない。

正 誤 **問5** 大型車は内輪差（ないりんさ）が大きく、左後方に運転席から見えない部分があるので、左側を通行している自転車や原動機付自転車は巻き込まれないよう注意しなければならない。

正 誤 **問6** 1図の標識のある交差点では、原動機付自転車は自転車と同じ方法で右折しなければならない。

1図

正 誤 **問7** 交差点で右折や左折をするときは、徐行（じょこう）しなければならない。

正 誤 **問8** 薬物やシンナーなどの影響を受けているときは、車を運転してはならない。

正 誤 **問9** 原動機付自転車は、道路が混雑しているときに限って、路側帯（ろそくたい）を通行することができる。

正 誤 **問10** 原動機付自転車は歩道を通行することはできないが、横断することはできる。

正 誤 **問11** 二輪車に乗るときにプロテクターを着用すると、運転操作の妨（さまた）げとなるので着用しないほうがよい。

正 誤 **問12** 原動機付自転車の日常点検は、1日1回必ず運行前に行う。

正 誤 **問13** 自動二輪車と原動機付自転車は、2図の標識のある道路を通行することができる。

2図

正 誤 **問14** 原動機付自転車は、自動車損害賠償責任保険や責任共済に加入しなくてもよい。

正 誤 **問15** ブレーキ液の中に、空気が発生することはあり得ない。

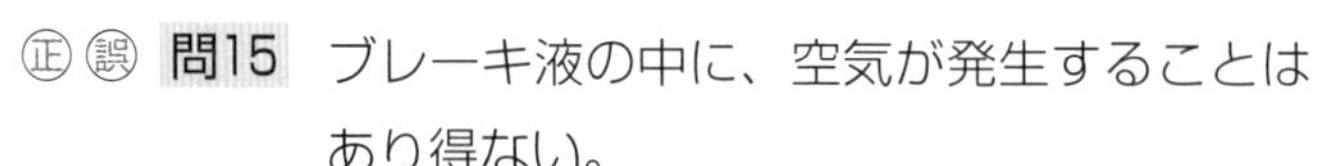

正 誤 **問16** 坂道を走行するときの車間距離は、下り坂より上り坂のほうを長くとる。

正 誤 **問17** 前車が自転車を追い越そうとしているときは、追い越しをしてはならない。

正 誤 **問18** 3図の標識のあるところでは、自動車は通行できないが原動機付自転車であれば通行できる。

3図

正 誤 **問19** 信号機の信号と交通巡視員の手信号などが異なる場合は、信号機の信号に従わなくてもよい。

正 誤 **問20** 制動距離は、空走距離と停止距離を足したものである。

正 誤 **問21** 走行中に携帯電話を使用すると、周囲の交通の状況に対する注意が不十分になり危険なので、使用してはいけない。

正 誤 **問22** 原動機付自転車は、自動車には含まれない。

正 誤 **問23** 原動機付自転車には、40キログラムまで荷物を積むことができる。

正 誤 **問24** 4図のような手信号のとき、矢印の方向から進行する車は、信号機の黄色の灯火と同じ意味である。

4図

正 誤 **問25** 横断歩道を通過するときは、歩行者がいてもいなくても一時停止しなければならない。

正 誤 **問26** 歩道のある道路では、原動機付自転車は歩道の左端に駐車する。

正 誤 **問27** 原動機付自転車でカーブを曲がるときは、車体を外側に傾ける。

正 誤 **問28** 停車とは、駐車に当たらない短時間の車の停止のことをいう。

正 誤 **問29** 消火栓から5メートル以内では、駐車はできないが停車はできる。

正 誤 **問30** 5図の標示は、「普通自転車歩道通行可」を表している。

5図

正 誤 **問31** 正面の信号が青色のとき、自動車、原動機付自転車、軽車両は、直進、左折、右折することができる。

正 誤 **問32** 歩行者のそばを通るときは、警音器を鳴らすか、徐行しなければならない。

正 誤 **問33** 横断歩道のすぐ手前に車を止めておいてはいけないが、すぐ向こう側ならかまわない。

正 誤 **問34** 原動機付自転車でブレーキをかけるときは、おもに後輪を使うようにする。

正 誤 **問35** 横断歩道に近づいたところ、進路の前方を歩行者が横断しようとしていたので、徐行して通過した。

正 誤 **問36** 6図の標識は、前方の道路の幅員が減少することを表している。

6図

正 誤 **問37** 停留所に止まっている路線バスに追いついたときは、一時停止して、バスが発進するまでその横を通過してはいけない。

正 誤 **問38** 原付免許を持っていれば、小型特殊自動車を運転することができる。

正 誤 **問39** 同一の方向に2つの車両通行帯がある道路では、高速車は右側、低速車は左側の通行帯を通行する。

正 誤 **問40** 原動機付自転車を運転するときは乗車用ヘルメットをかぶり、あごひもを確実に締めるなど正しい方法で着用する。

正 誤 **問41** 最高速度の指定のない一般道路での原動機付自転車の最高速度は、時速30キロメートルである。

正 誤 **問42** 7図の標識のあるところでは、午前8時から午後8時までの間は、駐車も停車もしてはならない。

7図

正 誤 **問43** マフラーが破損して大きな音の出る原動機付自転車でも、運転に支障がない場合は運転してもかまわない。

正 誤 **問44** 原動機付自転車は、乗車装置があれば二人乗りをすることができる。

正 誤 **問45** 交通事故でけがをした場合は、たとえ軽いと思っていても警察官に届け出て、医師の診断を受けたほうがよい。

正 誤 **問46** こう配の急な上り坂やこう配の急な下り坂は、ともに徐行場所に指定されている。

問47 時速30キロメートルで進行しています。どのようなことに注意して運転しますか？

正 誤 ⑴子どもが車道に飛び出してくるかもしれないので、ブレーキを数回に分けてかけ、速度を落として進行する。

正 誤 ⑵子どもの横を通過するときに対向車と行き違うと危険なので、加速して子どもの横を通過する。

正 誤 ⑶子どもがふざけて車道に飛び出してくるかもしれないので、中央線を少しはみ出して通過する。

問48 時速30キロメートルで進行しています。交差点を直進するときは、どのようなことに注意して運転しますか？

正 誤 (1)対向車が止まらずに先に右折を始めたり、左側の車が止まらずに交差点に入ってくるかもしれないので、両方の車の動きに気をつけながら進行する。

正 誤 (2)左側の車は、対向車の右折の合図を見てそのまま交差点を通過しようとするかもしれないので、後続車にも注意しながらアクセルをゆるめて進行する。

正 誤 (3)左側の車は、優先道路を走行している自分の車を先に通過させると思われるので、やや加速して進行する。

[正解・解説は88～90ページ]

●時間：30分　●合格：45点以上
●配点：問1～問46→1問1点
問47・問48→1問2点
(3つすべて正解の場合)

次の問題の正しいものは「正」、誤っているものは「誤」に印をつけなさい。
(記入例：正 誤、正 誤、正 誤)

正 誤 **問1** 車で歩行者のそばを通るときは、歩行者との間に安全な間隔(かんかく)を保てば徐行(じょこう)する必要はない。

正 誤 **問2** 右折するときは徐行(じょこう)しなければならないが、左折するときは徐行の必要はない。

正 誤 **問3** 交差点にさしかかったところ、後ろから緊急(きんきゅう)自動車が接近してきたので、交差点内で一時停止し、緊急自動車が通過するまで待った。

正 誤 **問4** 対向車と正面衝突(しょうとつ)のおそれが生じたときは、警音器(けいおんき)とブレーキを同時に使い、衝突の寸前まであきらめないで、少しでもブレーキとハンドルでかわすようにする。

正 誤 **問5** 安全地帯や立入り禁止部分の標示のあるところへは、危険のためやむを得ない場合以外は入ってはならない。

正 誤 **問6** 1図の場合、原動機付自転車はAからBへ進路変更することはできない。

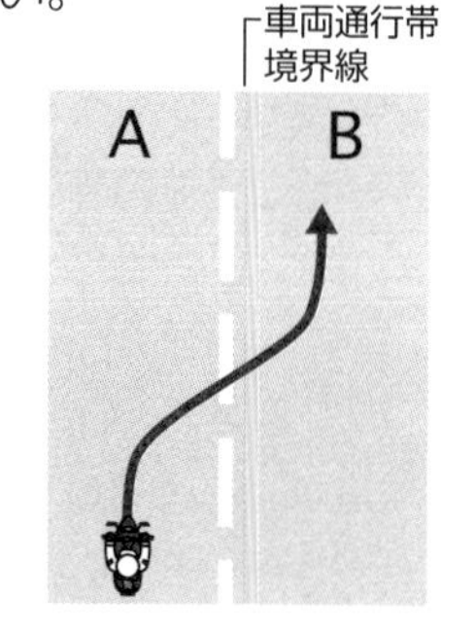

1図

正 誤 **問7** 前方の信号が青色の場合でも、前方の交通が混雑(こんざつ)していてそのまま進むと交差点内で停止することになる場合には、その交差点に入ってはならない。

正 誤 **問8** 消防用防火水槽(すいそう)から5メートル以内の場所は、駐停車が禁止されている。

正 誤 **問9** 警察官が交差点で灯火(とうか)を頭上に上げたとき、身体の正面に対面する方向に進む車は、他の交通に注意して進行することができる。

正 誤 **問10** 踏切を通過するときは、エンストを防止するため、低速ギアのままギアチェンジしないで、そのまま一気に通過する。

㊣ ㊫ **問11** 原付免許では、小型特殊自動車と原動機付自転車を運転することができる。

㊣ ㊫ **問12** 2図の標識のあるところでは、転回はできないが横断することはできる。

2図

㊣ ㊫ **問13** 前の車が交差点の手前で徐行(じょこう)しているときに、その前方に余地がある場合は、割り込みをしてもよい。

㊣ ㊫ **問14** 交通公害では、車の排気ガスが問題であり、速度や積載(せきさい)の超過(ちょうか)は問題ではない。

㊣ ㊫ **問15** 前日夜遅くまで仕事をして朝早く運転するとき、居眠りのおそれがあるときは、居眠りのおそれがなくなるまで運転しないようにする。

㊣ ㊫ **問16** 横断歩道の手前で前方の信号が青色から黄色に変わったが、安全に停止できないと思ったので、そのまま進行した。

㊣ ㊫ **問17** 路線バスなどの優先通行帯を原動機付自転車で通行中、路線バスが近づいてきたときは、スピードを上げて路線バスとの距離をあけなければならない。

㊣ ㊫ **問18** 3図の標識のあるところを原動機付自転車で通行した。

3図

㊣ ㊫ **問19** 夜間の走行は、遠くを見ないで直前を見るようにして運転するのがよい。

㊣ ㊫ **問20** 補助標識に「ミニカー」とある場合は、原動機付自転車もこれに含まれる。

㊣ ㊫ **問21** 交通整理の行われていない交差点で、道幅の狭い道路から広い道路に出るときは、徐行(じょこう)しなければならない。

㊣ ㊫ **問22** 運転者が危険を感じてからブレーキをかけ、ブレーキが実際に効(き)き始めるまでの間に車が走る距離を空走(くうそう)距離という。

㊣ ㊫ **問23** 水たまりのあるところに歩行者がいて、そのそばを通行する場合であっても、制限速度内であればとくに注意をせずに、そのまま走行してもよい。

正 誤 問24 4図の標識のある場所では、道路の右側部分にはみ出さなければ追い越しをしてもよい。

4図

正 誤 問25 ブレーキを使うとき、数回に分けてかけると、ブレーキランプが点滅して後車への合図にもなる。

正 誤 問26 車を運転していて眠気(ねむけ)を感じたら、休息をとったり、車から降りて体操をしたりして、眠気をさましてから運転するようにする。

正 誤 問27 同一の方向に進行しながら進路を右方または左方に変えるときは、進路を変えようとする約3秒前に合図をしなければならない。

正 誤 問28 二輪車でブレーキをかけるときは、まず後輪ブレーキをかけ、スピードが落ちたら前輪ブレーキをかける。

正 誤 問29 雪道ではスノータイヤなどの雪道用タイヤをつけていれば、晴天のときの道路と同じように運転しても安全である。

正 誤 問30 5図の合図は、後ろから見て左折か左への進路変更の合図である。

5図

正 誤 問31 エンジンをかけた原動機付自転車は、車道を通行しなければならない。

正 誤 問32 タイヤがすり減っているほうが、設置面積が大きくなるので制動距離は短くなる。

正 誤 問33 横断歩道のない交差点を歩行者が横断しているときは、必ず一時停止して、歩行者の横断を妨げてはならない。

正 誤 問34 赤色の灯火(とうか)の点滅信号では、車は他の交通に注意して進行することができる。

正 誤 問35 幼児がひとり歩きをしている場合は、一時停止か徐行(じょこう)をして、幼児が安全に通れるようにしなければならない。

正 誤 **問36** 進路変更すると、後ろから来る車が急ブレーキや急ハンドルで避けなければならないようなときは、進路変更をしてはならない。

正 誤 **問37** 6図の2つの補助標識は、同じ意味である。

正 誤 **問38** 幅が0.75メートル以下の路側帯（ろそくたい）のあるところでは、車道の左端に沿って駐車する。

6図

正 誤 **問39** 雨の日に道路工事用の鉄板が敷かれている道路で停止するときは、ハンドルやブレーキ操作は慎重（しんちょう）に行わなければならない。

正 誤 **問40** 駐車が禁止されていない場所でも、夜間道路上の同じ場所に引き続き8時間以上駐車することは禁止されている。

正 誤 **問41** 追い越しをするときは、原則として前車の右側を通行しなければならない。

正 誤 **問42** 7図の標識のある道路は、原動機付自転車は通行できない。

正 誤 **問43** 徐行（じょこう）するときの合図は、徐行しようとする約3秒前に行わなければならない。

正 誤 **問44** 原動機付自転車を運転するときは、他の運転者や歩行者から見てよく目につく服装をしたほうがよい。

7図

正 誤 **問45** 前を走る車が他の自動車を追い越そうとしているときは、その車を追い越してはいけない。

正 誤 **問46** 車に働く遠心力（えんしんりょく）の大きさは、カーブの半径が小さければ小さいほど大きくなる。

問47 時速30キロメートルで進行しています。交差点を直進するときは、どのようなことに注意して運転しますか？

正 誤 ⑴前方の歩行者は横断を終わろうとしているので、交差点ではできるだけ左側に寄ってその動きに注意しながら、このままの速度で進行する。

正 誤 ⑵交差点の見通しが悪いので、その手前でいつでも止まれるような速度に落とす。

正 誤 ⑶交差する道路から歩行者が出てくるかもしれないので、カーブミラーや自分の目で左右の安全を確かめて進行する。

問48 時速30キロメートルで進行しています。どのようなことに注意して運転しますか？

正 誤 ⑴後続車が接近してきているので、前の車に続いてトラックを追い越す。

正 誤 ⑵前の乗用車が途中で追い越しを中止するかもしれないので、車間距離を十分とって、このまま進行する。

正 誤 ⑶後続車が急に自分の車の前方に出てくるおそれがあるので、割り込まれないように、車間距離をつめる。

第4回 実力判定 模擬テスト

［正解・解説は91〜93ページ］

●時間：30分　●合格：45点以上
●配点：問1〜問46→1問1点
　　　　問47・問48→1問2点
　　　　（3つすべて正解の場合）

次の問題の正しいものは「正」、誤っているものは「誤」に印をつけなさい。
（記入例：正 誤、正 誤、正 誤）

正 誤 **問1** 交通整理が行われていない左右の見通しの悪い交差点に入るときは、標識がなくても徐行しなければならない。

正 誤 **問2** 交通事故が発生した場合、軽微な事故のときは当事者だけの話し合いでよく、警察官に届けなくてもよい。

正 誤 **問3** 直進しながら右や左に進路を変えるときは、進路変更しようとする約3秒前に合図をしなければならない。

正 誤 **問4** 正面の信号が黄色の点滅を表示しているときは、他の交通に注意しながら通行してよい。

正 誤 **問5** 黄色の線で区画された車両通行帯を通行中、緊急自動車が接近してきたので、黄色の線を越えて左側に寄り進路を譲った。

正 誤 **問6** 1図の標識は、駐車禁止を表している。

正 誤 **問7** 深い水たまりを通った直後は、ブレーキの効きが悪くなることがある。

1図

正 誤 **問8** マフラーなどの装置が調整されていないため、有害なガスや騒音を出して他人に迷惑を与えたりするおそれのある車を運転することは禁止されている。

正 誤 **問9** 制動距離は、速度を2倍にすると、おおむね4倍になる。

正 誤 **問10** カーブを通行するときは、その手前の直線部分で速度を落とすべきである。

正 誤 **問11** 2図の標識のあるところは、この先が道路工事中なので通行できない。

2図

正 誤 **問12** 前の普通自動車が原動機付自転車を追い越そうとしているときは、前車を追い越してはならない。

正 誤 **問13** 原動機付自転車に乗る場合、アクセルグリップはできるだけ強く握るべきである。

正 誤 **問14** 歩行者用道路では、歩行者と沿道に車庫をもつなどでとくに通行が認められた車だけが通行できる。

正 誤 **問15** 普通二輪免許では、普通自動二輪車と小型特殊自動車、原動機付自転車を運転できる。

正 誤 **問16** 原動機付自転車のエンジンをかけたまま、押して歩道を通行した。

正 誤 **問17** 原動機付自転車に荷物を積むとき、荷台から左右15センチメートルを超えてはみ出してはいけない。

正 誤 **問18** 3図の標識は、一方通行路の出口などに設けられ、車は標識の方向からは進入してはいけない。

3図

正 誤 **問19** 二輪車のブレーキは、前輪と後輪ブレーキを併用（へいよう）して同時にかける。

正 誤 **問20** 二輪車に乗るときは、夏でも長そでなど体の露出（ろしゅつ）部分を少なくするのがよい。

正 誤 **問21** 前を走る乗用車のブレーキ灯（とう）が点灯したときは、その車がブレーキペダルを踏んだと考えてよい。

正 誤 **問22** 原動機付自転車には、60キログラムまでの荷物を積むことができる。

正 誤 **問23** 4図の標識のあるところは、道路外の施設へ入るため、左折を伴う横断はできるが、右折を伴う横断はできない。

4図

正 誤 **問24** 一般道路で、昼間でも濃い霧がかかって50メートル先が見えないような場所を通行するときは、ライトをつけなければならない。

正 誤 **問25** 交差点で前方の信号が赤色であっても、その下に同時に青色の左向きの矢印が表示されたときは、自動車と原動機付自転車はその矢印の方向へ進むことができる。

正 誤 **問26** 新車の場合は、日常点検をしなくてもよい。

正 誤 **問27** 睡眠作用のあるかぜ薬を服用したときは、原動機付自転車の運転をしないようにする。

正 誤 **問28** 坂の頂上付近では、駐車も停車も禁止されている。

正 誤 **問29** 5図の交差点では、原動機付自転車は左方から進行してくる四輪車の進行を妨げてはならない。

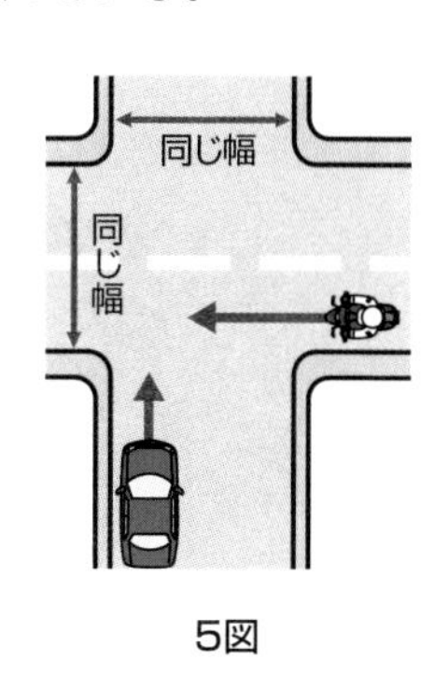

5図

正 誤 **問30** 徐行（じょこう）とは、走行している速度を半分以下に落とすことである。

正 誤 **問31** 車は走行中、右や左に進路を変えるときは、合図をしてから安全を確かめるのがよい。

正 誤 **問32** 踏切の遮断機（しゃだんき）が降り始めていたが、左右を見ても列車が見えないので、徐行（じょこう）して通過した。

正 誤 **問33** 同一方向に2つの車両通行帯がある場合は、車種に関係なく左側の通行帯を通行する。

正 誤 **問34** 酒やビールなどは、量の多い少ないに関係なく、飲んだら車を運転してはいけない。

正 誤 **問35** トンネルの中は車両通行帯のある場合に限り、駐車することができる。

正 誤 **問36** 6図の標識のある通行帯は、原動機付自転車で通行することができる。

6図

正 誤 **問37** 原動機付自転車は、高速自動車国道を通行することができる。

正 誤 **問38** 原動機付自転車の法定最高速度は、時速30キロメートルである。

正 誤 **問39** 夜間、原動機付自転車を運転するときは、反射材のついたヘルメットを着用したほうがよい。

正 誤 **問40** 車は、「こう配（ばい）の急な上り坂、上り坂の頂上付近、こう配の急な下り坂」では、追い越しが禁止されている。

正 誤 **問41** 運転に自信があれば、走行中に携帯電話を使用してもよい。

正 誤 **問42** 信号機のある交差点の手前に7図の標示板が設けられている場合は、信号が赤色や黄色であっても、車は他の交通に注意して左折することができる。

7図

正 誤 **問43** 急ブレーキで車輪をロックさせると制動効果が大きく、安全に止まれる。

正 誤 **問44** 横断歩道を横断する人がいないことが明らかな場合は、横断歩道の直前で停止できるように減速しなくてもよい。

正 誤 **問45** 歩道や路側帯(ろそくたい)を横切るときは、歩行者がいないときでも一時停止しなければならない。

正 誤 **問46** 交通整理中の警察官が腕を垂直に上げているときは、警察官の身体の正面に対面する交通は、信号機の赤色の灯火(とうか)と同じ意味である。

問47 時速20キロメートルで進行しています。黄色の点滅信号の交差点を直進するときは、どのようなことに注意して運転しますか？

正 誤 (1)交差する道路の両側から車が入ってくるかもしれないので、交差点に入るときは左右の安全を確かめて進行する。

正 誤 (2)トラックのかげから対向車が右折してくるかもしれないので、左に寄り加速してすばやく交差点を通過する。

正 誤 (3)交差する道路の左側の二輪車は赤色の点滅信号に従って一時停止するはずなので、このままの速度で進行する。

問48 時速30キロメートルで進行しています。どのようなことに注意して運転しますか？

㊣㊫ (1)対向車が見えないので、道路の右側部分にはみ出して、すばやくバスの側方を通過する。

㊣㊫ (2)バスが発進する合図をしているので、バスの発進を妨げないように速度を落とす。

㊣㊫ (3)バスのかげから歩行者が飛び出してくると危険なので、警音器(けいおんき)を鳴らして進行する。

第5回 実力判定
模擬テスト

[正解・解説は94～96ページ]

●時間：30分　●合格：45点以上
●配点：問1～問46→1問1点
問47・問48→1問2点
（3つすべて正解の場合）

次の問題の正しいものは「正」、誤っているものは「誤」に印をつけなさい。
（記入例：正 誤、正 誤、正 誤）

正 誤 **問1** 二輪車を運転するときは、必ず乗車用ヘルメットをかぶらなければならない。

正 誤 **問2** 同一方向に2つの車両通行帯がある場合は、左側の通行帯を通行する。

正 誤 **問3** 対向車と正面衝突のおそれが生じたときは、ブレーキを使わず、ハンドルだけでかわすようにする。

正 誤 **問4** バスなどの専用通行帯が指定されている道路では、原動機付自転車は左折する場合や道路工事などのためやむを得ない場合以外は通行してはならない。

正 誤 **問5** 1図の標示は、駐停車禁止を表している。

正 誤 **問6** 車で故障した車をロープなどでけん引するときは、けん引する車と故障車との間を10メートル以内に保たなければならない。

正 誤 **問7** 疲労の影響は最も目に現れるので、疲れてきたら速度を上げるようにする。

正 誤 **問8** 標識とは、交通規制などを示す表示板や、ペイントや道路びょうなどで路面に示された記号や文字をいう。

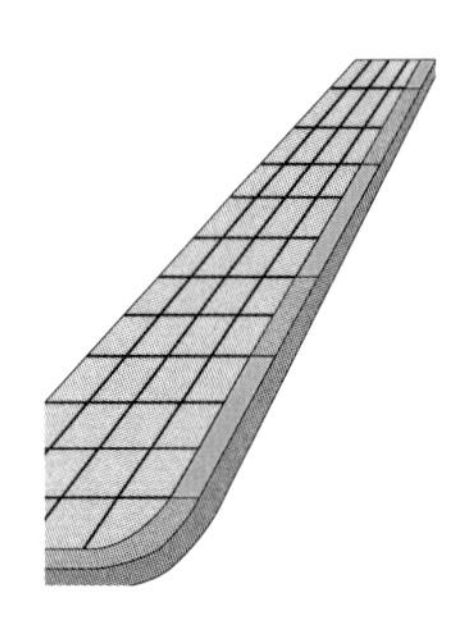

1図

正 誤 **問9** 交差点内ですでに右折している自動車は、進む方向の信号が「赤色の灯火」であっても進行できるが、この場合、青色の信号に従って通行している車の進行を妨げてはならない。

正 誤 **問10** ブレーキは最初はできるだけ軽くかけ、それから必要な強さまで徐々にかけていくようにする。

正 誤 **問11** 交差点で左折するときは、左折する直前に道路の左端に寄らなければならない。

正 誤 **問12** 2図の標識は、安全地帯であることを表している。

2図

正 誤 **問13** 道路の曲がり角付近、上り坂の頂上付近、こう配(ばい)の急な下り坂では、追い越しが禁止されている。

正 誤 **問14** 信号機の下に青色の矢印の灯火(とうか)が点灯していても、信号が赤色の灯火の場合は、自動車は矢印の方向に進むことはできない。

正 誤 **問15** 乗客の乗り降りのため停車中の路面電車に追いついた場合、安全地帯がなく、乗り降りする人がいないときで、路面電車との間に1.5メートル以上の余地があるときは、徐行(じょこう)して進行することができる。

正 誤 **問16** 夜間、運転するときは対向車のライトを直視(ちょくし)しないようにし、まぶしいときは視点をやや左前方へ移すとよい。

正 誤 **問17** 信号機の信号が赤色の表示で、警察官が進めの手信号をしている場合は、一時停止してから進行しなければならない。

正 誤 **問18** 3図の標示は、前方に横断歩道や自転車横断帯があることを表している。

3図

正 誤 **問19** 自転車のそばを通るときは、自転車との間に安全な間隔(かんかく)をあけるか、徐行(じょこう)しなければならない。

正 誤 **問20** 水たまりを通ってブレーキドラムに水が入ると、ブレーキの効(き)きがよくなる。

正 誤 **問21** 標識などで進行方向が指定されている交差点であっても、危険がなく安全と判断したときは、指定以外の方向に進行してもよい。

正 誤 **問22** アイドリングは、燃料のむだであるばかりか公害を発生させるため、停車中などはエンジンを止めておく。

正 誤 **問23** 原動機付自転車で道路を通行するときは、交通法規を守れば、自分本位の運転をしてもよい。

正 誤 問24 4図の標識は、車を駐車するとき、路端(ろたん)に対して斜めに駐車しなければならないことを表している。

4図

正 誤 問25 優先道路でなく、交通整理が行われていない左右の見通しがきかない交差点を通過するときは、徐行(じょこう)しなければならない。

正 誤 問26 制動距離とは、ブレーキが効(き)き始めてから停止するまでの距離をいう。

正 誤 問27 前の車が自動車を追い越そうとしているときは、危険なので追い越しをしてはならない。

正 誤 問28 エンジンをかけたままの原動機付自転車でも、押して歩けば歩道を通行してもよい。

正 誤 問29 夜間、前の車に続いて走るときは、前の車のブレーキランプを見ると目が疲れやすくなるので、なるべく見ないようにする。

正 誤 問30 5図の標識は、歩行者、車、路面電車のすべてが通行できない。

5図

正 誤 問31 優先道路を通行しているときでも、左右の見通しのきかない交差点を通行するときは、徐行(じょこう)しなければならない。

正 誤 問32 左端に駐車させたとき、車の右側に3メートル以上の余地があったので、そのまま駐車した。

正 誤 問33 道路工事のため左側部分だけでは通行できなかったので、やむを得ず右側部分にはみ出して通行した。

正 誤 問34 車両通行帯が黄色の線で区画されている場合は、他の交通に注意して進路変更しなければならない。

正 誤 問35 車を止めるときは、ブレーキをかけて車輪の回転を止め、タイヤと路面の間に生じる摩擦(まさつ)抵抗を利用している。

正 誤 問36 道路の左端に駐車していた車を発進させるときは、右側の方向指示器を出したらすぐに発進する。

正 誤 **問37** 6図の標識は、「上り急こう配あり」を表している。

6図

正 誤 **問38** 踏切の向こう側が混雑しているため、そのまま進むと踏切内で動きがとれなくなるおそれがあるときは、踏切に入ってはならない。

正 誤 **問39** 自転車横断帯に近づいたところ、進路の前方を自転車が横断しようとしていたので、徐行して通行を妨げないように進行した。

正 誤 **問40** 水たまりのあるところを通過するときは、歩行者に迷惑をかけないように徐行などをして注意して通らなければならない。

正 誤 **問41** 横断歩道とその端から前後に30メートル以内の場所は、駐停車が禁止されている。

正 誤 **問42** 7図の標識のあるところでは、自動二輪車は通行できないが、原動機付自転車は通行できる。

7図

正 誤 **問43** 上り坂の途中で停止する場合には、前車との距離を平地の場合より長くとるようにする。

正 誤 **問44** 少量の酒気を帯びている人が運転するときは、慎重に運転しなければならない。

正 誤 **問45** 最高速度が時速40キロメートルと指定されている場所では、原動機付自転車は時速40キロメートルの速度で走行することができる。

正 誤 **問46** 後ろの車が追い越そうとしていたが、自分の車より排気量が少ない車であれば、進路を譲らなくてもよい。

問47 交差点で右折待ちのため止まっています。どのようなことに注意して運転しますか？

正 誤 ⑴バスは対向の乗用車に妨げられ、すぐには直進してこないと思われるので、その前に右折する。

正 誤 ⑵バスは自分の車が右折するのを待ってくれると思われ、また後続車がいるので、すばやく右折する。

正 誤 ⑶バスの後ろの状況（じょうきょう）がわからないので、バスが通過したあとで様子を確かめてから右折する。

問48 交差点を左折するため時速10キロメートルで進行しています。どのようなことに注意して運転しますか？

正 誤 ⑴歩行者が横断を始めているので、横断を終えるまでその手前で待つ。

正 誤 ⑵夜間は視界が悪く、自転車などの発見が遅れがちになるので、十分注意して左折する。

正 誤 ⑶前照灯（ぜんしょうとう）の照らす範囲の外は見えにくいので、左側の横断歩道全体を確認しながら進行し、横断歩道の手前で停止する。

第6回 実力判定 模擬テスト

[正解・解説は97～99ページ]

●時間：30分　●合格：45点以上
●配点：問1～問46→1問1点
問47・問48→1問2点
（3つすべて正解の場合）

次の問題の正しいものは「正」、誤っているものは「誤」に印をつけなさい。
（記入例：正 誤、正 誤、正 誤）

正 誤 **問1** カーブで車体に働く遠心力は、速度が速いほど、またカーブが急になるほど大きく働く。

正 誤 **問2** 雨の日は、路面が滑りやすく停止距離が長くなるので、晴れた日より速度を落として慎重に運転するのがよい。

正 誤 **問3** 本標識には、規制標識、指示標識、警戒標識、案内標識、補助標識の5種類がある。

正 誤 **問4** 原動機付自転車は、荷台に30キログラムまでの荷物を積むことができる。

正 誤 **問5** 運転中は、一点を注視して走行するのがよい。

正 誤 **問6** 1図の標識は、学童用の通学路であることを表している。

1図

正 誤 **問7** 空走距離と制動距離を合わせた距離が、停止距離である。

正 誤 **問8** 自転車横断帯とその前後5メートル以内は、駐停車が禁止されている。

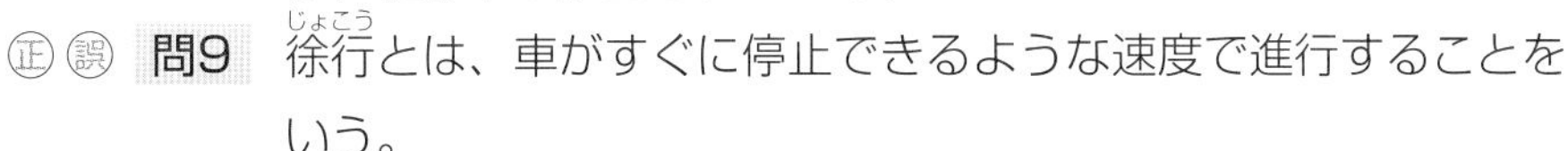

正 誤 **問9** 徐行とは、車がすぐに停止できるような速度で進行することをいう。

正 誤 **問10** 白い実線と破線で区画されている路側帯では、その幅が広くても、その中で駐停車してはならない。

正 誤 **問11** 最高速度が指定されていない一般道路での原動機付自転車の最高速度は、時速40キロメートルである。

正 誤 **問12** 2図は、後ろから見て徐行か停止をしようとするときの合図である。

2図

㊣ ㊦ **問13** 車はたとえ追い越しをするときでも、最高速度の制限を超えてはならない。

㊣ ㊦ **問14** 進路変更しようとするときは、進路を変えようとする地点より30メートル手前で合図を行う。

㊣ ㊦ **問15** 二輪車を運転中、ぬかるみやじゃり道を通行するときは、一定の速度で、バランスをとって走行する。

㊣ ㊦ **問16** 同一方向に2つの車両通行帯がある道路では、車は原則として左側の通行帯を通行しなければならない。

㊣ ㊦ **問17** 原動機付自転車でカーブを曲がるときは、ハンドルを切るというよりも、車体をカーブの内側に傾ける要領(ようりょう)で行う。

㊣ ㊦ **問18** 3図のような路側帯(ろそくたい)は、歩行者だけが通行できる。

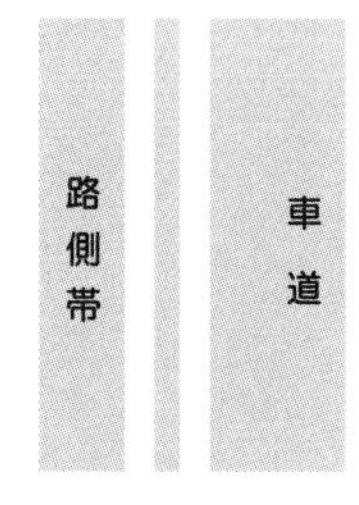

3図

㊣ ㊦ **問19** 車両通行帯が3つ以上ある道路では、最も右側の通行帯は追い越しなどのためあけておき、他の通行帯は車の速度に応じて通行する。

㊣ ㊦ **問20** こう配(ばい)の急な上り坂の途中は、追い越し禁止であり、徐行(じょこう)すべき場所でもある。

㊣ ㊦ **問21** 前方の信号が赤色の点滅を表示しているときは、他の交通に注意して進行することができる。

㊣ ㊦ **問22** カーブでは、その手前の直線部分で十分速度を落とし、カーブの後半で前方を確認してから加速するのがよい。

㊣ ㊦ **問23** 道路が混雑(こんざつ)しているとき、原動機付自転車は路側帯(ろそくたい)を通行することができる。

㊣ ㊦ **問24** 4図の標識がある場所では警音器(けいおんき)を鳴らさなければならないが、危険を感じなければ警音器を鳴らす必要はない。

4図

㊣ ㊦ **問25** 歩行者の近くを通るときは、歩行者との間に安全な間隔(かんかく)をあけるか徐行(じょこう)する。

㊣ ㊦ **問26** 二輪車のブレーキには、あそびがあってはならない。

正 誤 **問27** 車の右側に3.5メートル以上の余地がなくなるところでも、原動機付自転車は駐車することができる。

正 誤 **問28** 道路に面した場所に出入りするため、歩道や路側帯（ろそくたい）を横切るときは、徐行（じょこう）しなければならない。

正 誤 **問29** 車両通行帯があっても、トンネル内では追い越しが禁止されている。

正 誤 **問30** 5図の標示のある通行帯は、原動機付自転車も通行できるが、路線バスなどが近づいてきたら進路を譲（ゆず）らなければならない。

5図

正 誤 **問31** 他の車に追い越されるとき、追い越しに十分な余地がない場合は、あえて進路を譲（ゆず）る必要はない。

正 誤 **問32** 安全地帯は、歩行者がいなければ、その中を通行することができる。

正 誤 **問33** 夜間、原動機付自転車を運転するときは、反射性の衣服や反射材のついたヘルメットをかぶるとよい。

正 誤 **問34** 進路の前方に障害物（しょうがいぶつ）があるところで対向車と行き違うときは、障害物を先に通過できるほうが優先する。

正 誤 **問35** こう配（ばい）の急な下り坂では駐車や停車が禁止されているが、こう配の急な上り坂では駐車や停車をしてもよい。

正 誤 **問36** 6図の標識は、「横断歩道・自転車横断帯」であることを表している。

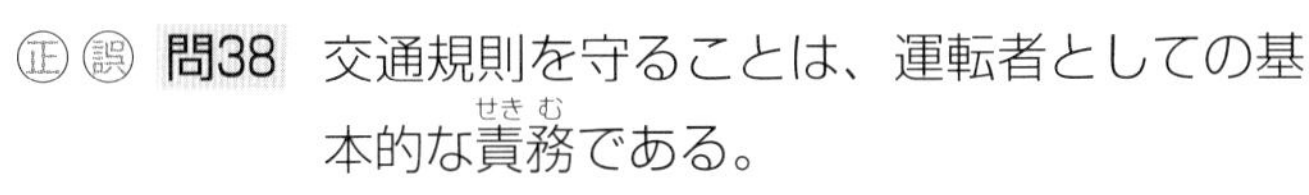

正 誤 **問37** 子どもが1人で歩いているそばを通行するときは、一時停止か徐行（じょこう）をして通行を妨げないようにする。

6図

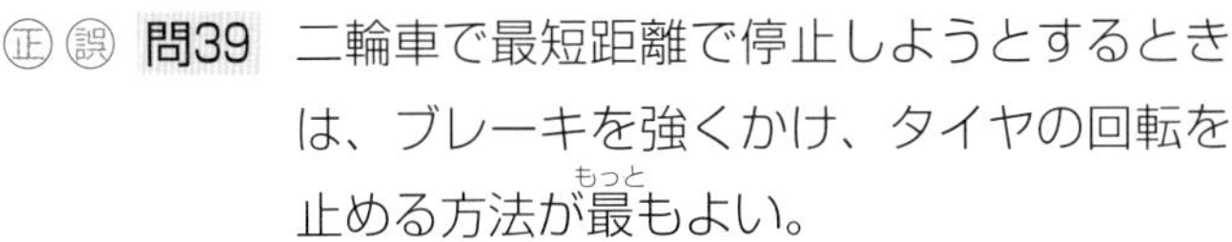

正 誤 **問38** 交通規則を守ることは、運転者としての基本的な責務（せきむ）である。

正 誤 **問39** 二輪車で最短距離で停止しようとするときは、ブレーキを強くかけ、タイヤの回転を止める方法が最（もっと）もよい。

正 誤 **問40** 見通しのよい道路の曲がり角付近は、徐行(じょこう)しなくてもよい。

正 誤 **問41** 原動機付自転車で、座席をつけてヘルメットをかぶれば、二人乗りをすることができる。

正 誤 **問42** 7図の標示のあるところは、通行することはできるが、渋滞(じゅうたい)などで停止するおそれがあるときは、この中に入ってはいけない。

7図

正 誤 **問43** 路面が雨に濡(ぬ)れタイヤがすり減っている場合の停止距離は、乾燥(かんそう)した路面でタイヤの状態がよい場合に比べて、2倍程度に延びることがある。

正 誤 **問44** 二輪車で走行中にブレーキをかけるときは、ハンドルを切らない状態で、前後輪ブレーキを同時に使用するのがよい。

正 誤 **問45** 通園バスが園児の乗り降りのため止まっているとき、バスの側方に安全な間隔(かんかく)を保つことができれば徐行(じょこう)しなくてもよい。

正 誤 **問46** 原動機付自転車は、リヤカーを１台けん引(いん)することができる。

問47 時速30キロメートルで進行しています。どのようなことに注意して運転しますか？

正 誤 ⑴この先ではカーブが急になって曲がりきれず、ガードレールに衝突(しょうとつ)するおそれがあるので、速度を落として進行する。

正 誤 ⑵対向車が来る様子がないので、このままの速度でカーブに入り、カーブの後半で一気に加速して進行する。

正 誤 ⑶対向車が中央線を越えて進行してくるかもしれないので、速度を落として車線の左側に寄って進行する。

問48 交差点の中をトラックに続いて時速5キロメートルで進行しています。右折するときは、どのようなことに注意して運転しますか？

正 誤 (1) トラックのかげで前方が見えないので、トラックの右側方に並んで右折する。

正 誤 (2) トラックのかげで前方が見えないので、一時停止してトラックが右折したあと対向車が来ないことや、歩行者の動きを確かめて右折する。

正 誤 (3) トラックのかげで前方が見えないので、トラックに続いてそのすぐ後ろを右折する。

第7回 実力判定 模擬テスト

[正解・解説は100〜102ページ]

●時間：30分　●合格：45点以上
●配点：問1〜問46→1問1点
問47・問48→1問2点
（3つすべて正解の場合）

次の問題の正しいものは「正」、誤っているものは「誤」に印をつけなさい。
（記入例：正 誤、正 誤、正 誤）

正 誤 **問1** 自分の車が追い越しをされているときは、追い越しが終わるまで速度を上げてはならない。

正 誤 **問2** こう配の急な下り坂では徐行しなければならないが、上り坂の頂上付近では徐行しなくてもよい。

正 誤 **問3** 追い越しをする場合は、反対方向からの交通および前車の交通に注意し、かつ道路状況などをよく見て安全な速度で行う。

正 誤 **問4** 標識などでとくに速度の指定のない道路では、速度をいくら出して走行してもかまわない。

正 誤 **問5** 走行中にタイヤがパンクしたときは、ハンドルをしっかりと握り、急ブレーキをかける。

正 誤 **問6** 1図の標示は、車が交差点で右折するときの方法を表している。

1図

正 誤 **問7** 原動機付自転車を運転中、交差点で左折するときは、あらかじめできるだけ道路の左端に寄り、徐行しなければならない。

正 誤 **問8** 少量の酒を飲んでも、運転に自信があれば車を運転してもかまわない。

正 誤 **問9** 原動機付自転車を運転する場合は、自動車の死角や内輪差など、自動車の特性をよく知っておくことが安全運転につながる。

正 誤 **問10** 信号機が黄色の灯火の点滅を表示しているときは、車は他の交通に注意して進行する。

正 誤 **問11** 近くに荷物を取りにいくだけであれば、エンジンキーはつけたまま車から離れてもよい。

正 誤 **問12** 一方通行の道路では、道路の中央から右側部分にはみ出して通行することができる。

㊣ ㊫ **問13** 2図の標示は、駐車時間が制限されている道路に設けられた車の駐車場所であることを表している。

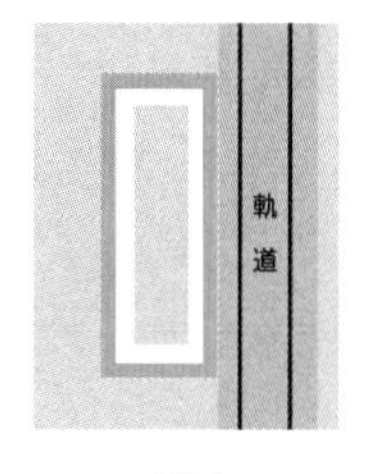

2図

㊣ ㊫ **問14** 追い越した車の進行を妨げなければ道路の左側部分に戻れないと思われるときは、追い越しをしてはならない。

㊣ ㊫ **問15** 原動機付自転車を運転するときは、できるだけヘルメットをかぶるようにする。

㊣ ㊫ **問16** 止まっている通学通園バスのそばを通るときは、バスの前方に出る前に一時停止しなければならない。

㊣ ㊫ **問17** 原動機付自転車で走行中のときは、たとえ呼び出し音が鳴っても携帯電話を使用してはならない。

㊣ ㊫ **問18** 3図の標識のある道路で、自転車を追い越した。

3図

㊣ ㊫ **問19** 車は原則として軌道敷内を通行できないが、右折するときには通行できる。

㊣ ㊫ **問20** 運転者が疲れているときは、危険を認知して判断するまでに時間がかかるので、空走距離は長くなる。

㊣ ㊫ **問21** 交差点で左折しようとするときは、その交差点の手前5メートルの地点に達したときに合図を行う。

㊣ ㊫ **問22** 「警笛鳴らせ」の標識のある場所であっても、交通量が少ないときは警音器を鳴らさなくてもよい。

㊣ ㊫ **問23** 4図の標識は、「前方優先道路」を表している。

4図

㊣ ㊫ **問24** 踏切の警報機が鳴り始めたときは、急いで踏切を通過するようにする。

㊣ ㊫ **問25** 警察官が腕を垂直に上げている場合と、灯火を頭上に上げている場合では、身体の正面に対面する交通に対して同じ意味である。

正 誤 **問26** 長い下り坂で前後輪ブレーキを使いすぎると、ブレーキが効(き)かなくなることがある。

正 誤 **問27** 夜間は、視線をできるだけ先のほうへ向け、少しでも早く前方の障害物(しょうがいぶつ)を発見するようにする。

正 誤 **問28** 夜間、対向車と行き違うときや前車に続いて走行するときは、前照灯(ぜんしょうとう)を減光するか下向きに切り替える。

正 誤 **問29** 車を運転中、盲導犬(もうどうけん)を連れて歩いている人を見かけたときは、一時停止か徐行(じょこう)をして通行を妨げないようにする。

正 誤 **問30** 5図の標識は、大型自動二輪車と普通自動二輪車の二人乗り通行禁止を表している。

5図

正 誤 **問31** 標識によって進行方向が指定されている交差点で、指定された方向以外の方向に進むときは、徐行(じょこう)しなければならない。

正 誤 **問32** 自動車や原動機付自転車を使用するときは、やさしい発進や加減速の少ない運転を心がけ、駐停車時にアイドリングストップをするなどしてエコドライブに努める。

正 誤 **問33** 交差点内で緊急(きんきゅう)自動車が近づいてきた場合、他の車は必ずその場で一時停止して、進路を譲(ゆず)らなければならない。

正 誤 **問34** 6図は、60歳以上の高齢者が普通自動車を運転するときにつけるマークである。

正 誤 **問35** 雨の日の運転では、速度を落とし、できるだけ前の車に接近して走行するとよい。

6図

正 誤 **問36** 交通整理の行われていない交差点で一時停止の標識があるときは、停止線の1メートル手前で一時停止しなければならない。

正 誤 **問37** 夕日の反射などで方向指示器が見えにくい場合は、方向指示器の操作と併せて手による合図をしたほうがよい。

正 誤 **問38** 2つの車両通行帯のある道路で交通が混雑(こんざつ)しているとき、原動機付自転車は車の流れている通行帯を選んで通行する。

正 誤 **問39** カーブでの遠心力(えんしんりょく)は、カーブの外側に向かって加わる。

正 誤 **問40** 横断歩道や自転車横断帯を通過するときは、必ず徐行か一時停止をしなければならない。

正 誤 **問41** 故障車をロープでけん引する場合は、ロープの中央に0.3メートル平方以上の赤い布をつけなければならない。

正 誤 **問42** 7図の標示のある道路では、車は転回してはいけない。

7図

正 誤 **問43** 緑色の案内標識は高速道路に関するもので、一般道路の案内標識は青色である。

正 誤 **問44** 横断歩道の手前で停止している車がいたので、接近を知らせるため軽く警音器を鳴らしてから横断歩道を通過した。

正 誤 **問45** 対面する信号が黄色に変わったときは、交差点にどれだけ接近していても、急ブレーキをかけて停止線の手前で停止しなければならない。

正 誤 **問46** 歩道や路側帯のない道路で駐車するときには、道路の端から0.5メートルの間隔をあけて駐車する。

問47 時速30キロメートルで進行しています。交差点を直進するときは、どのようなことに注意して運転しますか？

正 誤 ⑴右側から二輪車が来ているので、後続車に注意しながら交差点の手前で停止する。

正 誤 ⑵このままの速度で進行すると、二輪車と衝突するおそれがあるので、速度を落として二輪車に進路を譲る。

正 誤 ⑶二輪車は自車にも後続する四輪車にも気づいて停止するので、このままの速度で進行する。

問48 時速30キロメートルで進行しています。前方の止まっている車の後ろからバスが近づいてくるときは、どのようなことに注意して運転しますか？

正 誤 ⑴バスが中央線をはみ出してくるかもしれないので、はみ出してこないように中央線に寄って進行する。

正 誤 ⑵バスは旅客（りょかく）の安全を考え、無理な運転をせずに自分の車を先に通過させると思われるので、待たせないように加速して通過する。

正 誤 ⑶止まっている車のかげから歩行者が出てくるかもしれないので、車のかげの様子やバスの動きに注意しながら、減速して通過する。

[正解・解説は103〜105ページ]

●時間：30分　●合格：45点以上
●配点：問1〜問46→1問1点
問47・問48→1問2点
(3つすべて正解の場合)

次の問題の正しいものは「正」、誤っているものは「誤」に印をつけなさい。
(記入例：正 誤、正 誤、正 誤)

正 誤 **問1** 合図は、その行為が終了したら、忘れずにやめなければならない。

正 誤 **問2** トンネルの中では、自動車や原動機付自転車は、車両通行帯がない場合に限り、他の自動車や原動機付自転車を追い越すことが禁止されている。

正 誤 **問3** 原動機付自転車は、交通量が少ないときは自転車道を通行することができる。

正 誤 **問4** 制動距離は速度の2乗に比例するので、速度が3倍になれば制動距離はおおむね9倍になる。

正 誤 **問5** 同一方向に2つの車両通行帯があるときは、速い車が右側、遅い車は左側を通行する。

正 誤 **問6** 1図の標識のあるところでは、自動車と原動機付自転車は通行できない。

1図

正 誤 **問7** 横断歩道や自転車横断帯とその手前30メートルの間は、自動車や原動機付自転車を追い越したり追い抜いたりしてはならない。

正 誤 **問8** こう配(ばい)の急な下り坂では、追い越しをしてはならない。

正 誤 **問9** 走行中は携帯電話を使用してはならないが、メールの確認程度であれば、画面を見ながら運転してもかまわない。

正 誤 **問10** 二輪車に乗るときは、手首を下げ、ハンドルを前に押し出すような気持ちで、グリップを軽く持つ。

正 誤 **問11** 車両通行帯が黄色の線で区画されているところでは、たとえ右折や左折のためであっても黄色の線を越えて進路変更をしてはいけない。

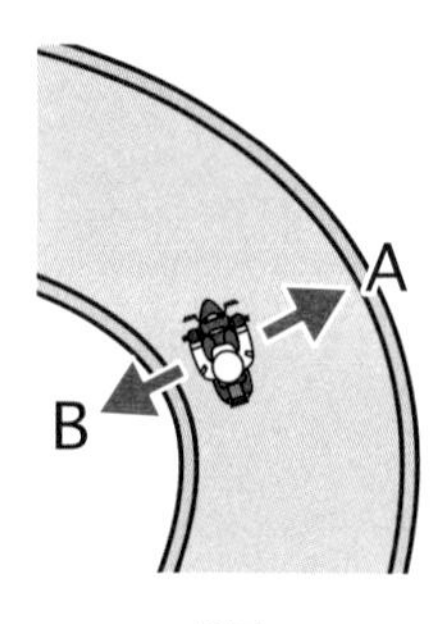

2図

正 誤 **問12** 2図のようなカーブを曲がるとき、遠心力(えんしんりょく)はBの方向に働く。

正 誤 **問13** 少しでも酒を飲んだときは、車を運転してはならない。

正 誤 **問14** 雨の日は、晴れの日に比べて空走(くうそう)距離が延びる。

正 誤 **問15** 道路に面した場所に入るため、歩道や路側帯(ろそくたい)を横切るときは、歩行者の有無(うむ)にかかわらず徐行(じょこう)しなければならない。

正 誤 **問16** 故障車(こしょうしゃ)をロープでけん引(いん)するときは、ロープの中央に赤色の大きな布をつけなければならない。

正 誤 **問17** 重心(じゅうしん)が高くなればなるほど、車は不安定になる。

3図

正 誤 **問18** 3図の標識のあるところでは一時停止しなければならないが、見通しがよく安全が確認できれば徐行(じょこう)して通行できる。

正 誤 **問19** 横断歩道に近づいたとき、歩行者がいないことが明らかでない場合は、停止線の直前で停止できるような速度で進行しなければならない。

正 誤 **問20** 原動機付自転車は車体が小さいので、歩道に駐車することができる。

正 誤 **問21** 交通事故や故障(こしょう)で困っている人を見かけたら、連絡や救護(きゅうご)に当たるなど、お互いに協力するようにする。

正 誤 **問22** 危険を避けるためやむを得ないときは、警音器(けいおんき)を鳴らしてもよい。

4図

正 誤 **問23** 道路の曲がり角付近は、見通しが悪いときは追い越しが禁止されているが、見通しがよく安全が確認できれば追い越しをしてもよい。

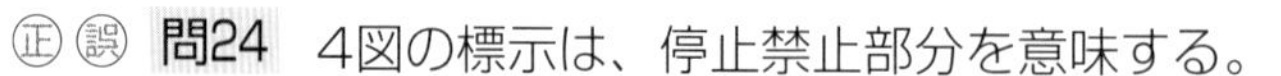
正 誤 **問24** 4図の標示は、停止禁止部分を意味する。

正 誤 **問25** 進路を変更しようとする場合は、安全を確認してから方向指示器を出し、もう一度安全確認をして進路変更をする。

正 誤 **問26** 運行前に点検したとき、前照灯がつかないことがわかったが、夕方までには帰宅する予定だったので、そのまま運転した。

正 誤 **問27** 前方の一点を注視して走行するのは危険である。

正 誤 **問28** 進路の前方の横断歩道を歩行者が横断しようとしていたので、徐行して通行した。

正 誤 **問29** 信号機の信号が青色になったときは、前方の交通に関係なく、ただちに発進しなければならない。

正 誤 **問30** 5図の標識は、矢印の示す方向の反対方向には進行できないことを表している。

5図

正 誤 **問31** 交通事故で負傷者がいないときは、示談がまとまれば警察官へ届け出る必要はない。

正 誤 **問32** 原動機付自転車は車体が小さいので、駐停車禁止の場所でも駐車や停車をすることができる。

正 誤 **問33** こう配の急な坂道は、上りも下りも徐行しなければならない場所である。

正 誤 **問34** 消火栓や指定消防水利の標識のある5メートル以内の場所は、駐車も停車も禁止されている。

正 誤 **問35** ハンドルを切りながら前輪ブレーキを強くかけるのは、転倒の原因になる。

正 誤 **問36** 6図の標示は、「転回禁止の終わり」を表している。

正 誤 **問37** 一方通行路では、道路の中央から右側部分にはみ出して通行することができる。

正 誤 **問38** 盲導犬を連れて歩いている人には、白や黄色のつえを持って歩いている人と同じ注意が必要である。

正 誤 **問39** 原動機付自転車も、強制保険に加入しなければならない。

6図

正 誤 **問40** エンジンブレーキは、高速ギアになるほど制動効果は高くなる。

正 誤 **問41** 原動機付自転車に荷物を積むときの高さ制限は、地上から2.5メートルまでである。

正 誤 **問42** 7図の標識のある道路では、横風が強いので注意が必要である。

7図

正 誤 **問43** 前方の四輪車の運転者が右腕を車の外に出して斜め下に伸ばしたが、これは後退の合図である。

正 誤 **問44** 右折や左折するときの合図の時期は、右折や左折をしようとする約3秒前である。

正 誤 **問45** 道路工事の区域の側端から5メートル以内は、駐車をしてはならない。

正 誤 **問46** 滑(すべ)りやすい道路でブレーキをかけるときは、軽く数回に分けるのがよい。

問47 前の車に続いて止まりました。踏切を通過するときは、どのようなことに注意して運転しますか？

正 誤 ⑴前方の様子がわからず、踏切内で止まってしまうおそれがあるので、踏切の先に自分の車が止まれる余地のあることを確認してから踏切に入る。

正 誤 ⑵対向車が来ているが、左側に寄りすぎないようにして通過する。

正 誤 ⑶前車は踏切内の安全を確かめてから発進するはずなので、前車に続いて踏切を通過する。

問48　時速30キロメートルで進行しています。どのようなことに注意して運転しますか？

正 誤　⑴子どもがバスのすぐ前を横断するかもしれないので、いつでも止まれるような速度に落としてバスの側方を進行する。

正 誤　⑵対向車があるかどうかがバスのかげでよくわからないので、前方の安全をよく確かめ、徐行(じょこう)して中央線を越える。

正 誤　⑶後続の車がいるので、速度を落とすときは、追突(ついとつ)されないようにブレーキを数回に分けてかける。

[正解・解説は106～108ページ]

第9回 実力判定 模擬テスト

●時間：30分　●合格：45点以上
●配点：問1～問46→1問1点
問47・問48→1問2点
（3つすべて正解の場合）

次の問題の正しいものは「正」、誤っているものは「誤」に印をつけなさい。
（記入例：正 誤、正 誤、正 誤）

正 誤 **問1** 進路変更するときは、合図をする前に安全を確認しなければならない。

正 誤 **問2** バスの停留所の標示板から10メートル以内では、バスの運行時間中に限り、駐停車が禁止されている。

正 誤 **問3** 車を運転中に大地震が発生したときは、やたらと車を停止させると危険になるので、そのまま運転を続けたほうがよい。

正 誤 **問4** 停留所で止まっている路面電車がいる場合でも、安全地帯があれば徐行（じょこう）して進むことができる。

正 誤 **問5** 道路の曲がり角付近でも、「徐行（じょこう）」の標識がないところでは徐行しなくてもよい。

正 誤 **問6** 1図のマークをつけている車に対しては、幅寄せをしたり、前方に割り込んだりする行為は、原則として禁止されている。

1図

正 誤 **問7** 同一方向に2つの車両通行帯があるときは、普通自動車は右側の車両通行帯を、原動機付自転車は左側の車両通行帯を通行する。

正 誤 **問8** 追い越しをするときは、必ず追い越す車の左側を通行しなければならない。

正 誤 **問9** 歩行者のそばを通過するときは、必ず一時停止しなければならない。

正 誤 **問10** 交通整理中の警察官が交差点の中央で灯火（とうか）を頭上に上げているとき、警察官の身体の正面と対面する交通に対しては、信号機の赤色の灯火と同じ意味である。

㊣㊥ 問11 幅が0.75メートル以下の路側帯のある道路で駐停車するときは、その路側帯に入ってはならない。

㊣㊥ 問12 2図の標識のあるところでは、一時停止しなければならない。

2図

㊣㊥ 問13 優先道路を通行している場合は、左右の見通しのきかない交差点であっても徐行しなくてもよい。

㊣㊥ 問14 故障した原動機付自転車を自動車でロープを使ってけん引するときは、けん引免許が必要である。

㊣㊥ 問15 二輪車でぬかるみやじゃり道を通るときは、速度を上げて一気に通過するのがよい。

㊣㊥ 問16 前方の信号が黄色の灯火のとき、車は絶対に停止位置を越えて進行してはならない。

㊣㊥ 問17 黄色のひし形をした標識は、警戒標識である。

㊣㊥ 問18 3図の標識は、この先を路面電車が通ることを表している。

3図

㊣㊥ 問19 踏切を通過しようとするときは、列車が通過した直後でも一時停止して、十分安全を確認する。

㊣㊥ 問20 停止距離は速度や積み荷の重さによって変わるが、道路の状態にはとくに関係がない。

㊣㊥ 問21 指定された通行区分に従って交差点の手前を通行しているとき、パトカーがサイレンを鳴らして近づいてきたので、その通行帯の中で徐行した。

㊣㊥ 問22 二輪車を運転するときは、ステップにかかとを乗せ、つま先を外側に開くようにするとよい。

4図

㊣㊥ 問23 4図の補助標識は、本標識が示す交通規制の区間内であることを表している。

正 誤 **問24** 夜間の走行では、自分の車と対向車のライトで、道路の中央付近の歩行者が見えなくなることがある。

正 誤 **問25** エンジンのかかっていない原動機付自転車を押して歩くときは、歩行者として扱われる。

正 誤 **問26** ぬかるみや水たまりのある道路を通るときは、歩行者に迷惑をかけないように徐行などをしなければならない。

正 誤 **問27** 交差点を信号に従って通行するときは、他の車や歩行者などに注意しなくても安全である。

正 誤 **問28** 走行中にタイヤがパンクしたときは、ハンドルをしっかり握り、車の方向を立て直すことに全力をかたむける。

正 誤 **問29** 原動機付自転車の荷台に荷物を載せてシートをかけたため、ナンバープレートが見えにくくなったが、運転には支障がなかったので、そのまま運転をした。

正 誤 **問30** 5図の標示のあるところでは、車は道路の中央から右側部分にはみ出して通行することができる。

正 誤 **問31** 上り坂の頂上付近で、原動機付自転車が前を通行しているときは、追い越しをしても違反ではない。

正 誤 **問32** 交通事故を起こしたときは、事故の続発を防ぐため、他の交通の妨げにならないように安全な場所に事故車を移動させ、エンジンスイッチを切る。

5図

正 誤 **問33** 歩行者用道路は、沿道に車庫をもつ車などでとくに通行を認められた車だけが通行できる。

正 誤 **問34** 二輪車でカーブを曲がるときは、車体を傾けると危険なので、ハンドルを切って曲がるようにする。

正 誤 **問35** 雨の日は視界が悪くなるので、晴れの日よりも速度を落とし、車間距離を十分にとる。

正 誤 **問36** 原動機付自転車は、右折する場合でも軌道敷内を通行することはできない。

正 誤 **問37** 6図の標示は、普通自転車がこの標示を越えて交差点に進入してはいけないことを表している。

6図

正 誤 **問38** 前のバスが原動機付自転車を追い越そうとしているときに、普通自動車がバスを追い越す行為は、二重追い越しとなり違反である。

正 誤 **問39** 眼鏡等使用の条件のついている免許証を持っている人が車を運転するときには、めがねなどをかけて運転しなければならない。

正 誤 **問40** 坂道で行き違うとき、近くに待避所がある場合は、上りの車でも待避所に入り、下りの車に進路を譲るようにする。

正 誤 **問41** 道路工事の区域の端から10メートル離れた場所に、30分間車を駐車させた。

正 誤 **問42** 7図の区間内の交差点でも、左右の見通しがよければ警音器を鳴らさなくてもよい。

7図

正 誤 **問43** 横断歩道を横断している人がいるときは、徐行または一時停止しなければならない。

正 誤 **問44** 車を運転して交差点にさしかかったが、前方の信号は赤色の灯火が点滅していたので、停止線の直前で一時停止した。

正 誤 **問45** 停留所で停車している路線バスが方向指示器で発進の合図をしているときは、後方の車は原則としてその路線バスの発進を妨げてはならない。

正 誤 **問46** ブレーキをかけるときは、強く一気にかけずに、数回に分けてかけるのがよい。

問47 時速20キロメートルで進行しています。交差点を左折するときは、どのようなことに注意して運転しますか？

正 誤 ⑴前車が左の横断歩道の手前で急停止するかもしれないので、車間距離を十分とって進行する。

正 誤 ⑵横断歩道上で歩行者が前車と自車の間をぬって横断すると危険なので、前車との間隔をあけないで左折する。

正 誤 ⑶前方の状況が見えにくいので、前車が横断歩道を通過してから、歩行者の動きに注意しながら左折する。

問48 時速30キロメートルで進行しています。どのようなことに注意して運転しますか？

正 誤 ⑴道路の両側に駐車車両があるが、中央付近があいているので、このままの速度で駐車車両の間をぬって通過する。

正 誤 ⑵道路の両側に駐車車両があるので、速度を落として側方の間隔を保ちながら通過する。

正 誤 ⑶歩行者がトラックのかげから出てくるかもしれないので、左側に注意して進行する。

[正解・解説は109〜111ページ]

第10回 実力判定 模擬テスト

●時間：30分　●合格：45点以上
●配点：問1〜問46→1問1点
問47・問48→1問2点
（3つすべて正解の場合）

次の問題の正しいものは「正」、誤っているものは「誤」に印をつけなさい。
（記入例：正 誤、正 誤、正 誤）

正 誤 問1 同一方向に進行しながら進路を右方に変えるときは、進路を変えようとする30メートル手前から合図を行うようにする。

正 誤 問2 カーブを通過するときは、カーブの途中でクラッチを切って走行するのが安全である。

正 誤 問3 横断歩道のない交差点を横断している歩行者には、道を譲る（ゆず）必要はない。

正 誤 問4 二輪車でカーブを通過するとき、外側にふくらむのは、遠心力（えんしんりょく）が働くためである。

正 誤 問5 白や黄色のつえを持った人が道路を横断しようとしていたので、警音器（けいおんき）を鳴らして注意をあたえ、先に通行した。

正 誤 問6 1図の標示は、標示のある道路と交差する前方の道路が優先道路であることの予告を表している。

1図

正 誤 問7 横断歩道の手前で止まっている車があるときは、そのそばを通って前方に出る前に一時停止しなければならない。

正 誤 問8 二輪車でカーブを曲がるときは、カーブの内側に車体を傾ける（かたむ）。

正 誤 問9 左側部分の道路の幅が6メートル未満の見通しのよい道路で、他の車を追い越そうとするときは、道路の右側部分にはみ出すことができる。

正 誤 問10 交差点で右折する場合、直進または左折してくる車より先に交差点に入っているときは、直進車や左折車より先に右折することができる。

正 誤 **問11** 交通整理の行われていない道幅が同じような道路の交差点では、左方から来る車の進行を妨げないようにする。

正 誤 **問12** 2図の標識は、道幅が6メートル以下の道路では駐車してはいけないことを表している。

2図

正 誤 **問13** 原動機付自転車は、路側帯(ろそくたい)や自転車道を通行することができる。

正 誤 **問14** 交差点に赤の点滅信号があるところでは、車は左右の安全を確認し、徐行(じょこう)しながら通行することができる。

正 誤 **問15** 遠心力(えんしんりょく)の大きさは、速度が一定ならばカーブの半径が大きいほど大きくなる。

正 誤 **問16** 駐車場や車庫など自動車用の出入口から3メートル以内の場所では、駐車をすることはできないが、停車はすることができる。

正 誤 **問17** 3図のような進路をとって右折するのは正しい。

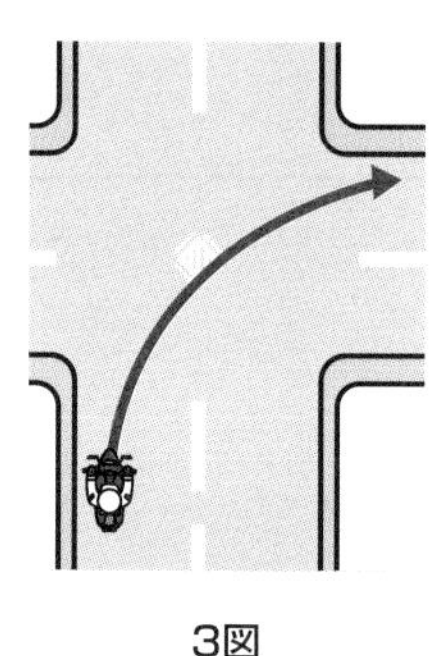

3図

正 誤 **問18** 制動距離はつねに一定であり、雨天時と晴天時に違いはない。

正 誤 **問19** 踏切を通過しようとするときは、その手前で一時停止をしなければならないが、踏切に信号機がある場合は、信号に従って通行することができる。

正 誤 **問20** 携帯電話は、運転する前に電源を切るなどして、呼び出し音が鳴らないようにしておく。

正 誤 **問21** 右折するため、道路の中央に寄っている車があったので、その左側を追い越した。

正 誤 **問22** 運転者が車から離れていてすぐに運転できない状態は、停車である。

正 誤 **問23** 交差点を通行中、緊急自動車が近づいてきたので、交差点内の左側に寄って一時停止した。

正 誤 **問24** 原動機付自転車は、自転車と同様に自動車損害賠償責任保険や責任共済に加入しなくてもよい。

正 誤 **問25** 4図の標示のある道路でも、原動機付自転車は時速30キロメートルを超えて運転してはいけない。

4図

正 誤 **問26** 空走距離とは、ブレーキが効き始めてから車が停止するまでの距離である。

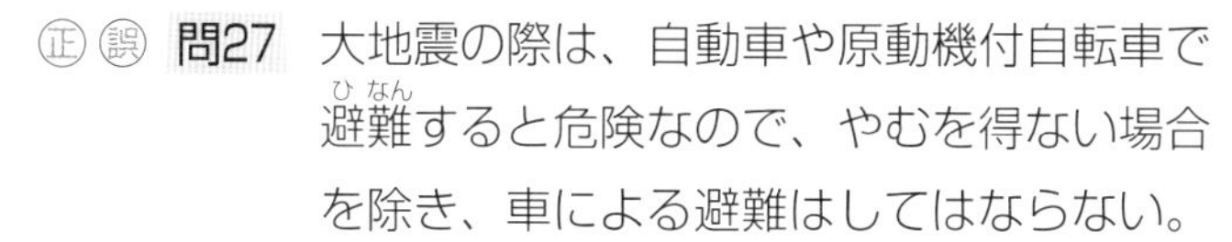

正 誤 **問27** 大地震の際は、自動車や原動機付自転車で避難すると危険なので、やむを得ない場合を除き、車による避難はしてはならない。

正 誤 **問28** 横断歩道や自転車横断帯とその手前から30メートル以内の場所では、追い越しをすることはできないが追い抜くことはできる。

正 誤 **問29** 運転中は排出ガスや騒音、振動をできるだけ少なくするように、不必要な急発進、急ブレーキ、からぶかしは避けるべきである。

正 誤 **問30** 5図の標識は、「その他の危険」を表している。

5図

正 誤 **問31** トンネルなどに入って明るさが急に変わっても、視力にはとくに影響はない。

正 誤 **問32** 同一方向に2つの車両通行帯があるときは、原動機付自転車はどちらの通行帯を通行してもよい。

正 誤 **問33** 交通事故を起こしたとき、お互いに話し合って解決がつけば、警察官に届け出る必要はない。

正 誤 **問34** 上り坂の頂上付近やこう配の急な下り坂は、徐行場所であるとともに、追い越し禁止場所、さらに駐停車禁止場所でもある。

正 誤 **問35** 左折しようとするときは、あらかじめできるだけ道路の左端に寄り、交差点の側端に沿って徐行する。

正 誤 **問36** 二輪車のブレーキは、前後輪ブレーキを同時に数回に分けてかけるようにする。

正 誤 **問37** 後方から見て6図のような合図は、右折か転回、または右に進路を変えることを意味する。

6図

正 誤 **問38** 運転中は交通法規を守るだけでなく、相手に対する思いやりの気持ちをもって行動することが大切である。

正 誤 **問39** 安全な車間距離は、停止距離とおおむね同じである。

正 誤 **問40** ブレーキは、一気に強く、一度にかけるのがよい。

正 誤 **問41** 夜間、対向車と行き違うときは、前照灯を減光するか下向きに切り替える。

正 誤 **問42** 7図の標識は、「バスの停留所」を表している。

7図

正 誤 **問43** 車両通行帯が黄色の線で区画されているところでは、この黄色の線を越えて進路変更してはいけない。

正 誤 **問44** 歩行者のそばを通るときは、警音器を鳴らして歩行者の注意を促す。

正 誤 **問45** 交差点とその端から5メートル以内の場所では、駐車も停車も禁止されている。

正 誤 **問46** 上り坂の頂上付近では、徐行しなければならない。

問47 時速10キロメートルで進行しています。交差点を左折するときは、どのようなことに注意して運転しますか？

㊣㊥ ⑴前の車は、横断歩道の手前で止まるかもしれないので、その動きを見て進行する。

㊣㊥ ⑵二輪車がミラーに写っているが、他の二輪車がミラーの死角（しかく）にいるかもしれないので、左側を直接目で確かめて左折する。

㊣㊥ ⑶後続の二輪車が自分の車の左側を進行してくると巻き込むおそれがあるので、その動きに十分注意して左折する。

問48 時速30キロメートルで進行しています。どのようなことに注意して運転しますか

㊣㊥ ⑴対向車が道路の中央からはみ出してくることがあるので、速度を落とし、左に寄って進行する。

㊣㊥ ⑵左側のガードレールに接触（せっしょく）するといけないので、中央線寄りを進行する。

㊣㊥ ⑶見通しの悪いカーブにさしかかるので、前照灯（ぜんしょうとう）を上向きにして対向車に自分の車の存在を知らせ、速度を落として進行する。

第1回 実力判定 模擬テスト

[問題は32～36ページ]

正解とポイント解説

[太字は重要部分(キーワード)]

問1 正　少なくとも**2時間に1回**程度の休憩(きゅうけい)が必要です。

問2 正　たとえ見通しがよくても、**一時停止**して安全を確かめなければなりません。

問3 誤　エンストを防止するため、**低速ギアのまま**一気に通過します。

問4 正　**片側が1車線、反対側が2車線**などの道路もあります。中央線は、道路の中央にあるとは限りません。

問5 正　**踏切とその手前30メートル以内**は、追い越し禁止場所として指定されています。

問6 誤　1図は、「**十形道路交差点あり**」を表す警戒(けいかい)標識です。

問7 正　飲酒運転は**危険**なため、酒を飲ませた人も罪に問われることがあります。

問8 誤　警音器(けいおんき)は、**指定された場所**と**危険を防止する**目的以外では鳴らしてはいけません。

問9 正　運転に集中できなくなり**危険**なので、運転を控(ひか)えるようにします。

問10 正　黄色の灯火(とうか)の点滅信号では、他の交通に**注意して進行**することができます。

問11 正　2図の標示板は「**左折可**」を表します。前方の信号が赤色や黄色でも、左折することができます。

問12 誤　設問の内容は、空走(くうそう)距離ではなく**制動距離**です。

問13 誤　たとえ渋滞(じゅうたい)していても、車両通行帯に**従って通行**しなければなりません。

問14 正　設問のようなときは、**割り込みや横切りが禁止**されています。

問15 正　**徐行(じょこう)**して、園児などの急な飛び出しに備えましょう。

問16 誤　**6メートル以上**の道路では、右側部分にはみ出して追い越しをしてはいけません。

問17 正　「**停止禁止部分**」ですから、停止するおそれがあるときは、この中に入ってはいけません。

問18 誤　3図は「最高速度時速40キロメートル」の標識ですが、原動機付自転車は**時速30キロメートル**を超えて運転してはいけません。

問19 正　またがったとき、**つま先が地面に届く**ものを選びましょう。

問20 正　雨の日は**制動距離が延びる**ので、設問のような注意をして運転します。

問21 誤　制動距離や遠心力(えんしんりょく)はいずれも**速度の2乗に比例**するので、制動距離も4倍になります。

問22 正　歩道や路側帯(ろそくたい)を横切るときは、その**直前で一時停止**しなければなりません。

問23 正　滑(すべ)りを防止するため、できるだけ**車の通った跡**(わだち)を走行したほうが安全です。

問24 誤　警察官の身体の正面(背面)に**対面する交通は赤色、平行する交通は黄色**の灯火(とうか)と同じ意味を表します。

問25 誤　交差点ではなく、前方に**横断歩道や自転車横断帯**があることを表しています。

問26 誤　**一時停止か徐行(じょこう)**をして、安全に通行できるようにします。

問27 誤　**信号機がある**場合は、必ずしも徐行(じょこう)する必要はありません。

問28 誤　安全に停止できない場合を除き、**停止位置**から先に進んではいけません。

問29 誤　環状交差点に入るときは**合図を行いません**。環状交差点では**出るときに左折の合図**を行います。

問30 誤　5図の標識は、**横断歩道**があることを表しています。

問31 誤　**警音器(けいおんき)は鳴らさず**に、歩行者の横断を妨げてはいけません。

問32 正　**進路を変える**のが「追い越し」、**変えない**のが「追い抜き」です。

問33 正　危険ながけ側の車が**安全な場所に停止**するなどして、対向車に道を譲(ゆず)ります。

問34 正　徐行(じょこう)するとともに、優先道路を通行する車の進行を妨げてはいけません。

問35 誤　左右にそれぞれ**0.15メートル**、後方に**0.3メートル**まではみ出して積むことができます。

問36 誤　火災報知機から1メートル以内は、**駐車は禁止**されていますが、停車は禁止されていません。

問37 誤　6図は「指定方向外進行禁止（**右折禁止**）」の標識です。直進と左折はできますが、右折はできません。

問38 誤　外側ではなく、交差点の中心の**すぐ内側**を徐行します。

問39 正　トンネル内は暗くて危険なので、**駐停車が禁止**されています。

問40 誤　道路外が危険な場所でなければ、そこに出て**衝突を回避**します。

問41 正　右左折しようとする地点（交差点ではその交差点）の**30メートル手前**で合図を行います。

問42 誤　7図は「**原動機付自転車の右折方法（小回り）**」の標識です。右折はできますが、二段階右折をしてはいけません。

問43 誤　夜間は、前照灯や尾灯などの**灯火をつけて運転**しなければなりません。

問44 正　道路の交通の状況を考え、**安全な速度で走行**しましょう。

問45 誤　**後続車の進行を妨げる**ような場合には、進路変更してはいけません。

問46 誤　**原動機付自転車、小型特殊自動車、軽車両**は、例外として通行することができます。

問47

(1) 誤　二輪車が**急に進路変更**してくるおそれがあります。

(2) 正　**急停止**に備えて、速度を落とします。

(3) 誤　交差点付近で**無理な追い越し**をしてはいけません。

問48

(1) 正　前車が**急停止**するおそれがあるので、車間距離を十分にとります。

(2) 正　あらかじめ**速度を落として**進行します。

(3) 誤　**安全な車間距離**を十分あけて走行します。

第2回 実力判定 模擬テスト

[問題は37～41ページ]

正解とポイント解説

[太字は重要部分(キーワード)]

問1 誤　約3秒前ではなく、**停止しようとするとき**に合図をします。

問2 誤　積載装置(せきさいそうち)の左右からそれぞれ0.15**メートルずつ**はみ出して積むことができます。

問3 正　カーブ中にブレーキをかけると、**転倒**(てんとう)するおそれがあります。

問4 誤　例外として、前車が**右折のため道路の中央に寄って通行している**ときは、左側を通行しなければなりません。

問5 正　**大型車が左折**するときは、巻き込まれないように十分注意して走行します。

問6 正　1図は「原動機付自転車の右折方法(**二段階**)」の標識です。原動機付自転車は、二段階右折をしなければなりません。

問7 正　右左折するときは、**つねに徐行**(じょこう)しなければなりません。

問8 正　薬物の影響を受けているときは**危険**ですので、車を運転してはいけません。

問9 誤　たとえ混雑していても、路側帯(ろそくたい)は横切る以外**通行禁止**です。

問10 正　**歩道の通行は禁止**されていますが、横断することはできます。その場合は、**直前で一時停止**しなければなりません。

問11 誤　プロテクターを着用しても**運転操作の妨**(さまた)**げにはなりません**。できるだけ着用して運転します。

問12 誤　日常点検は、使用状況に応じて**適切な時期**に行います。

問13 正　「**二輪の自動車以外の自動車通行止め**」の標識です。自動二輪車と原動機付自転車は通行できます。

問14 誤　**強制保険**(自動車損害賠償(そんがいばいしょう)責任保険や責任共済)には、加入しなければなりません。

問15 誤　ブレーキを多用すると、**ブレーキ装置**(そうち)**が過熱**して、空気が発生することがあります。

問16 誤　坂道では、上り坂より下り坂のほうが**停止距離が長くなる**ので、車間距離を長くとるようにします。

問17 誤　前車が**自転車**を追い越そうとしているときは、**追い越しは禁止**されていません。

問18 誤　「**歩行者専用**」を表します。許可がなければ、原動機付自転車であっても通行できません。

問19 正　**警察官や交通巡視員の手信号や灯火による信号**に従わなければなりません。

問20 誤　**空走距離＋制動距離＝停止距離**と覚えておきましょう。

問21 正　運転中は、携帯電話を使用してはいけません。

問22 正　自動車は**大型・中型・準中型・普通・大型特殊・自動二輪・小型特殊・けん引**のことで、原動機付自転車や軽車両は含まれません。

問23 誤　原動機付自転車には、**30キログラムまで**の荷物しか積むことができません。

問24 誤　矢印の方向の交通は、信号機の**赤色の灯火**と同じ意味です。

問25 誤　歩行者が**明らかにいない**ときは、そのまま通過することができます。

問26 誤　歩道ではなく、**車道の左端**に沿って駐車します。

問27 誤　車体を**内側**に傾けて、カーブを曲がります。

問28 正　**人の乗り降り**のための停止や、**5分以内の荷物の積みおろし**のための停止なども停車になります。

問29 正　**駐車禁止場所**なので、駐車はできませんが停車はできます。

問30 正　５図は、普通自転車が歩道を通行することができる「普通自転車歩道通行可」の標示です。

問31 誤　**軽車両**と**二段階右折する原動機付自転車**は、右折してはいけません。

問32 誤　警音器は鳴らさず、**安全な間隔をあけるか徐行**しなければなりません。

問33 誤　横断歩道の**前後5メートル以内**の場所は、駐停車禁止場所です。

問34 誤　ブレーキをかけるときは、**前後輪ブレーキを同時**に使用します。

問35 誤　横断しようとしている人がいる場合は、**一時停止**して歩行者に道を譲らなければなりません。

問36 誤　道路の幅ではなく、**車線数が減少**することを表しています。

問37 誤　必ずしも一時停止する必要はなく、バスの**発進を妨げないように通行**します。

問38 誤　原付免許で運転できるのは、**原動機付自転車だけ**です。

問39 誤　右側は**右折や追い越しなどのためにあけて**おき、左側の通行帯を通行しなければなりません。

問40 正　正しい方法で**乗車用ヘルメット**をかぶって運転しましょう。

問41 正　原動機付自転車の法定最高速度は、**時速30キロメートル**です。

問42 誤　「**駐車禁止**（8時から20時まで）」を表す標識です。駐車は禁止ですが、停車はできます。

問43 誤　**整備不良車**は、運転してはいけません。

問44 誤　原動機付自転車の**乗車定員は１名だけ**です。二人乗りをしてはいけません。

問45 正　たとえ軽いけがでも、**警察官に届け**出て、**医師の診断を受ける**ようにしましょう。

問46 誤　**こう配(はい)の急な下り坂は徐行(じょこう)場所**ですが、こう配の急な上り坂は徐行場所ではありません。

問47

(1) 正　**子どもや後続車に注意**しながら、速度を落として進行します。

(2) 誤　子どもがふざけて**車道に飛び出してくるおそれ**があります。

(3) 誤　**対向車と衝突(しょうとつ)するおそれ**があります。

問48

(1) 正　両方の車の**動向に注意**しながら進行します。

(2) 正　**後続車に注意**しながら速度を落とします。

(3) 誤　左側の車は自車に気づかず、**交差点を通過するおそれ**があります。

第3回 実力判定 模擬テスト

[問題は42～46ページ]

正解とポイント解説

[太字は重要部分（キーワード）]

問1 正 **安全な間隔**を保てば、必ずしも徐行する必要はありません。

問2 誤 右左折をするときは、**いずれも徐行**しなければなりません。

問3 誤 **交差点内を避け**、道路の左側に寄り、一時停止しなければなりません。

問4 正 正面衝突のおそれがあるときは、設問のようにして**衝突を回避**します。

問5 誤 安全地帯や立入り禁止部分には、**どんな場合でも**進入してはいけません。

問6 誤 **黄色の線が引かれている側**からの進路変更が禁止です。AからBへは進路変更できますが、BからAへはできません。

問7 正 前方が混雑していて**交差点内で停止するおそれ**があるときは、交差点に入ってはいけません。

問8 誤 **駐車は禁止**されていますが、停車は禁止されていません。

問9 誤 警察官の身体の正面に**対面する方向の交通は赤色**の灯火、**平行する方向の交通は黄色**の灯火信号と同じ意味を表します。

問10 正 踏切は、**低速ギアのまま一気に通過**します。

問11 誤 原付免許で運転できるのは**原動機付自転車だけ**です。小型特殊自動車は運転できません。

問12 正 「**転回禁止**」を表しています。横断は禁止されていません。

問13 誤 設問のような**割り込み運転は禁止**されています。

問14 誤 交通公害として、**大気汚染や騒音問題の原因**になります。

問15 正 **眠気をさまして**から運転するようにしましょう。

問16 正 停止位置に近づいていて**安全に停止できない**ときは、そのまま進行することができます。

問17 誤 **道路の左側**へ寄り、路線バスに進路を譲ります。

問18 誤 「**自転車および歩行者専用**」を表します。原動機付自転車は通行してはいけません。

問19 **誤** できるだけ**視線を先のほう**へ向け、情報を収集します。

問20 **誤** 原動機付自転車は含まれません。ミニカーとは、**総排気量50cc以下の普通自動車**をいいます。

問21 正 徐行(じょこう)して、**広い道路を通行する車の進行を妨げない**ようにします。

問22 正 空走(くうそう)距離とは、設問のとおりです。**運転者が疲れているとき**は空走距離が長くなります。

問23 **誤** **歩行者に水をはねない**ように、徐行(じょこう)するなどして注意して通行しなければなりません。

問24 正 「**追越しのための右側部分はみ出し通行禁止**」の標識です。道路の右側部分にはみ出さなければ追い越しができます。

問25 正 ブレーキを数回に分けて使用すると制動灯(とう)が点滅し、**追突(ついとつ)事故の防止**になります。

問26 正 **適度に休憩(きゅうけい)**をとり、眠気(ねむけ)をさましてから運転しましょう。

問27 正 進路を変更するときの合図は、進路を変えようとする**約3秒前**に行います。

問28 **誤** 二輪車でブレーキをかけるときは、**前後輪のブレーキを同時**に使用します。

問29 **誤** 雪道用タイヤを装着(そうちゃく)していても、**スリップするおそれ**があるので慎重(しんちょう)に運転しなければなりません。

問30 **誤** 二輪車が左手のひじを垂直に上に曲げる合図は、**右折や転回**、または**右へ進路変更**することを意味します。

問31 正 エンジンをかけていると歩行者としては扱われませんので、**車道を通行**します。

問32 **誤** **タイヤがスリップ**して、かえって制動距離が長くなります。

問33 **誤** **歩行者の通行を妨げない**ようにすれば、必ずしも一時停止する必要はありません。

問34 **誤** **停止位置で一時停止**し、安全を確かめてから進行しなければなりません。

問35 正 **一時停止か徐行(じょこう)**をして、幼児が安全に通行できるようにしなければなりません。

Part2●第3回正解とポイント解説

問36 正　設問のように他の車の進行を妨げるようなときは、**危険**なので進路変更してはいけません。

問37 正　ともに本標識が示す**交通規制の終わり**を表します。

問38 正　路側帯(ろそくたい)に入らず、**車道の左端**に沿って駐車します。

問39 正　雨で濡(ぬ)れた鉄板の上は、**非常に滑(すべ)りやすい**ので注意しましょう。

問40 正　**夜間は8時間以上、昼間は12時間以上**、同じ場所に引き続き駐車してはいけません。

問41 正　前車が**右折のため道路の中央に寄って通行**しているとき以外は、右側を通行しなければなりません。

問42 正　「自動車専用」の標識で、**高速自動車国道**または**自動車専用道路**を表します。原動機付自転車は通行できません。

問43 誤　徐行(じょこう)の合図は、**徐行しようとするとき**に行います。

問44 正　見落とされないようにするため、**視認(しにん)性のよい服装やヘルメット**で運転しましょう。

問45 正　設問のようなときは**二重追い越し**となるので、追い越しをしてはいけません。

問46 正　カーブの半径が小さくなる（カーブが急になる）ほど、**遠心力(えんしんりょく)は大きく**なります。

問47

（1）誤　交差する道路から他の**歩行者が出てくるおそれ**があるので、速度を落として進行します。

（2）正　**いつでも止まれる速度**に落として進行します。

（3）正　カーブミラーを見て、**左右の安全**を確かめます。

問48

（1）誤　**対向車の有無(うむ)**を確かめなければなりません。

（2）正　**前車との車間距離**を十分とって進行します。

（3）誤　前車に**追突(ついとつ)するおそれ**があります。

第4回 実力判定 模擬テスト

[問題は47～51ページ]

正解とポイント解説

[太字は重要部分(キーワード)]

問1 正 **徐行**の標識の有無にかかわらず、**徐行**しなければなりません。

問2 誤 事故の度合いにかかわらず、**警察官に報告**しなければなりません。

問3 正 進路変更の合図は、進路を変えようとする**約3秒前**に行います。

問4 正 黄色の点滅信号では、**他の交通に注意して進行**することができます。

問5 正 緊急自動車が接近してきたときは、車両通行帯に従う必要はありません。**黄色の線を越えて**進路を譲ります。

問6 誤 1図は「**車両通行止め**」を表しています。自動車、原動機付自転車、軽車両は通行できません。

問7 正 **ブレーキ装置に水**が入り、ブレーキが効かなくなることがあります。

問8 正 騒音や公害などで、**他人に迷惑をかける**ような整備不良車は、運転してはいけません。

問9 正 **速度の2乗に比例**するので、制動距離は4倍になります。

問10 正 カーブの手前で**十分速度を落として進入**しましょう。

問11 誤 「**道路工事中**」を表していますが、通行が禁止されているわけではありません。

問12 誤 **前車が原動機付自転車を追い越そうとしているとき**は、追い越しが禁止されていません。

問13 誤 肩の力を抜き、アクセルグリップを**軽く握って運転**します。

問14 正 歩行者用道路を通行する車は、**警察署長の許可が必要**です。

問15 正 普通自動二輪車のほかに、**小型特殊自動車と原動機付自転車**を運転できます。

問16 誤 **エンジンをかけたまま**では、歩行者として扱われません。

問17 正 はみ出して積むことができるのは、荷台から**左右それぞれ0.15メートル**(15センチメートル)までです。

問18 正 「**車両進入禁止**」を表し、こちら側からは進入してはいけません。

問19 正　**前後輪のブレーキを同時**にかけるのが基本です。

問20 正　**万一の転倒**に備え、夏でも体が露出しないような服装で運転しましょう。

問21 正　ブレーキペダルを踏むと、後方の**ブレーキ灯が点灯**する構造になっています。

問22 誤　原動機付自転車に積める荷物の重さの制限は、**30キログラム**までです。

問23 正　4図は「**車両横断禁止**」の標識です。道路外の施設または場所に入るため、右折を伴う横断は禁止されています。

問24 正　設問のような場所では、**昼間でもライト**をつけなければなりません。

問25 正　**左向きの矢印**では、自動車も原動機付自転車も進行することができます。

問26 誤　新車であっても**日常点検は必要**です。忘れずに行いましょう。

問27 正　**眠気を催す**ので、車の運転をしないようにしましょう。

問28 正　坂の頂上付近は、**駐停車禁止場所**として指定されています。

問29 誤　**交差点の中まで中央線**が引いてある道路は**優先道路**です。四輪車は、原動機付自転車の進行を妨げてはいけません。

問30 誤　徐行とは、車が**ただちに停止できるような速度で進行すること**をいいます。

問31 誤　あらかじめミラーなどで**安全を確かめてから合図**をし、もう一度安全を確かめてから進路変更します。

問32 誤　**遮断機が降り始めているとき**は、踏切を通過してはいけません。

問33 正　右側の通行帯は**追い越しなどのためあけて**おき、左側の通行帯を通行しなければなりません。

問34 正　**たとえ少量でも**、酒を飲んだら車を運転してはいけません。

問35 誤　車両通行帯の有無にかかわらず、**トンネル内は駐停車禁止**の場所に指定されています。

問36 正　6図は路線バスなどの「**専用通行帯**」の標識です。原動機付自転車、小型特殊自動車、軽車両は通行することができます。

問37 **誤**　原動機付自転車は、**高速自動車国道**や**自動車専用道路**を通行できません。

問38 **正**　原動機付自転車の法定最高速度は**時速30キロメートル**です。なお、自動車の法定最高速度は時速60キロメートルです。

問39 **正**　他の運転者から目につくように、**視認(しにん)性のよいヘルメット**を着用しましょう。

問40 **誤**　追い越しが禁止されているのは、**上り坂の頂上付近とこう配(ばい)の急な下り坂**です。こう配の急な上り坂では禁止されていません。

問41 **誤**　運転に自信があっても、**走行中は危険**ですから、携帯電話を使用してはいけません。

問42 **正**　7図は「**左折可**」の標示板です。信号が赤色や黄色でも、他の交通に注意して左折できます。

問43 **誤**　車輪がロックすると**制動効果は低下**し、タイヤがスリップして危険です。

問44 **正**　歩行者が明らかにいない場合は、**そのまま通過**することができます。

問45 **正**　歩行者の有無(うむ)にかかわらず、**一時停止**しなければなりません。

問46 **正**　警察官の身体の正面に**対面する交通は赤色の灯火(とうか)**、**平行する交通は黄色の灯火(とうか)信号と同じ意味**を表します。

問47

(1) **正**　**左右の安全**を確かめて進行します。

(2) **誤**　トラックのかげから**右折車が出てくるおそれ**があるので、速度を落とします。

(3) **誤**　二輪車は自車に気づかず、**そのまま通過するおそれ**があります。

問48

(1) **誤**　**発進の合図をしている**バスの進行を妨げてはいけません。

(2) **正**　バスの**発進を妨げない**ように速度を落とします。

(3) **誤**　**警音器(けいおんき)は鳴らさず**、速度を落として進行します。

[問題は52〜56ページ]

第5回 実力判定 模擬テスト 正解とポイント解説

[太字は重要部分(キーワード)]

問1 正 PS(c)やJISマークなどの入った**乗車用ヘルメットを着用**します。工事用安全帽は乗車用ヘルメットではありません。

問2 正 右側の通行帯は**追い越しのためにあけて**おき、左側の通行帯を通行しなければなりません。

問3 誤 **ブレーキをかけて速度を落とし**、できるだけ左側に避けて衝突(しょうとつ)を回避(かいひ)します。

問4 誤 **原動機付自転車、小型特殊自動車、軽車両(けいしゃりょう)**は、バスなどの専用通行帯を通行することができます。

問5 誤 黄色の破線のペイントがぬられているのは、「**駐車禁止**」を表しています。

問6 誤 10メートルではなく、**5メートル以内**に保たなければなりません。

問7 誤 疲れてきたら運転を続けずに、**休憩(きゅうけい)をとる**ようにしましょう。

問8 誤 標識とは、**交通規制などを示す表示板**をいいます。ペイントや道路びょうなどは、標示に分類されます。

問9 正 すでに右折している場合は、**そのまま進行**することができます。

問10 正 急ブレーキは避け、**最初は弱く、徐々に力を加えていく**要領(ようりょう)でブレーキをかけます。

問11 誤 直前ではなく、**あらかじめ道路の左端**に寄らなければなりません。

問12 正 2図の標識は「**安全地帯**」を表しています。

問13 正 設問の場所は、**すべて追い越しが禁止**されています。

問14 誤 信号が赤色の灯火(とうか)でも、**自動車は矢印の方向**に進むことができます。

問15 正 設問のような場合は、**徐行(じょこう)して進行**することができます。

問16 正 ライトを直視(ちょくし)すると、**目がげん惑(わく)して見づらく**なります。ライトがまぶしいときは、視点をやや左前方に移します。

問17 誤 一時停止する必要はなく、**警察官の手信号に従って進行**します。

問18 正 3図は「**横断歩道または自転車横断帯あり**」を表しています。

問19 正　歩行者と同様に、**安全な間隔をあけるか徐行**しなければなりません。

問20 誤　ブレーキドラムに水が入ると、**ブレーキの効きが悪く**なります。

問21 誤　進行方向が指定されているところでは、**指定された方向以外**へは進行してはいけません。

問22 正　**停車中はエンジンを止め、**交通公害を減少させましょう。

問23 誤　たとえ交通法規を守っていても、自分本位の運転は**交通の混乱を招く**ので、してはいけません。

問24 正　4図の標識は「**斜め駐車**」を表し、車は**斜めに駐車**しなければなりません。

問25 正　**徐行**して、左右の安全を確かめなければなりません。

問26 正　実際に**ブレーキが効き始め、車が完全に停止するまでに走る距離**が制動距離です。

問27 正　**二重追い越し**となり、禁止されています。前の車が原動機付自転車を追い越そうとしているときは、二重追い越しにはなりません。

問28 誤　**エンジンを止めないと歩行者と見なされない**ので、歩道を通行することはできません。

問29 誤　夜間は、**前車のブレーキランプに注意**しながら運転しましょう。

問30 正　5図は「**通行止め**」の標識です。歩行者、車、路面電車のすべてが通行できません。

問31 誤　**優先道路を通行している場合**は、必ずしも徐行する必要はありません。

問32 誤　車の右側に**3.5メートル以上の余地**がない場所では、原則として駐車してはいけません。

問33 正　設問のような場所では、**右側部分にはみ出して通行**することができます。

問34 誤　黄色の線の車両通行帯は、**進路変更禁止**を表しています。

問35 正　ブレーキは、タイヤと路面との間に生じる摩擦抵抗を利用しています。

問36 誤　周囲や後方の安全を十分確かめてから発進しなければなりません。
問37 誤　6図の標識は「下り急こう配あり」を表しています。
問38 正　踏切の向こう側に、自分の車が入る余地を確認してから発進しましょう。
問39 誤　徐行ではなく、一時停止して自転車に道を譲らなければなりません。
問40 正　徐行などをして、歩行者に迷惑をかけないように通行します。
問41 誤　30メートルではなく、前後5メートル以内が駐停車禁止場所です。
問42 誤　7図は「二輪の自動車・原動機付自転車通行止め」の標識です。自動二輪車も原動機付自転車も通行できません。
問43 正　前車が後退するおそれがあるので、車間距離を長くとります。
問44 誤　たとえ少量でも、酒を飲んだら車を運転してはいけません。
問45 誤　時速40キロメートルの標識があっても、原動機付自転車は時速30キロメートルを超えて運転してはいけません。
問46 誤　排気量に関係なく、安全に追い越しができるように進路を譲ります。

問47
(1) 誤　バスは、乗用車を避けて直進してくるおそれがあります。
(2) 誤　バスは、自車の右折を待ってくれるとは限りません。
(3) 正　バスの通過後、安全を確かめて右折します。

問48
(1) 正　一時停止して、歩行者の通行を妨げないようにします。
(2) 正　歩行者以外にも自転車などが来ないか安全を確かめます。
(3) 正　ライトで見える範囲以外の場所にも目配りして安全を確かめます。

第6回 実力判定 模擬テスト

[問題は57～61ページ]

正解とポイント解説

[太字は重要部分(キーワード)]

問1 正 **速度が速い**ほど、**カーブが急**になるほど、遠心力(えんしんりょく)は大きくなります。

問2 正 路面が雨に濡(ぬ)れると**停止距離が長く**なります。晴れた日よりも速度を落として慎重(しんちょう)に運転しましょう。

問3 誤 補助標識は本標識ではありません。設問のうち、補助標識を除いた**4種類が本標識**です。

問4 正 原動機付自転車に積める荷物の重さの制限は、**30キログラムまで**です。

問5 誤 一点を注視しないで、**周囲全体を広く見渡して走行**します。

問6 誤 **学校や幼稚園、保育所などがある**ことを表しています。

問7 正 **空走(くうそう)距離＋制動距離＝停止距離**と覚えておきましょう。

問8 正 横断歩道と同様に、**自転車横断帯とその前後5メートル以内**では、駐車も停車もしてはいけません。

問9 正 一般にブレーキを操作してからおおむね**1メートル以内で止まれる**ような速度で、**時速10キロメートル以下**とされています。

問10 正 設問の路側帯(ろそくたい)は「**駐停車禁止路側帯**」です。中に入って駐停車してはいけません。

問11 誤 原動機付自転車の最高速度は、**時速30キロメートル**です。

問12 正 腕を斜め下に伸ばす合図は、**徐行(じょこう)か停止をする**ことを表します。

問13 正 **追い越しをするときでも**、最高速度を超えてはいけません。

問14 誤 30メートル手前ではなく、進路を変更しようとする**約3秒前**に合図を行います。

問15 正 **低速ギアを使用**し、一定の速度を保ち、バランスをとって走行します。

問16 正 右側の通行帯は**右折や追い越しのためにあけて**おき、左側の通行帯を通行しなければなりません。

問17 正 車体をカーブの内側に傾け、**自然に曲がる要領(ようりょう)**で行います。

問18 正　3図は「**歩行者用路側帯**」です。歩行者だけが通行でき、軽車両の通行と車の駐停車が禁止されています。

問19 正　最も右側はあけておきます。**原動機付自転車は、最も左側の通行帯**を通行します。

問20 誤　上り坂ではなく、**こう配の急な下り坂**が追い越し禁止であり徐行すべき場所です。

問21 誤　**一時停止**して、安全を確かめてから進行しなければなりません。

問22 正　カーブの**手前で減速**し、カーブの**後半から徐々に加速**します。

問23 誤　**道路が混雑していても、**路側帯を通行してはいけません。

問24 誤　「**警笛鳴らせ**」の標識ですので、この標識のある場所では警音器を鳴らさなければなりません。

問25 正　歩行者のそばを通るときは、**安全な間隔をあけるか徐行**しなければなりません。

問26 誤　ブレーキには、**適度なあそびが必要**です。

問27 誤　原動機付自転車でも、**3.5メートル以上の余地**がなくなるような場所には駐車してはいけません。

問28 誤　歩道や路側帯を横切るときは、**徐行ではなく一時停止**しなければなりません。

問29 誤　**車両通行帯のあるトンネル内**では、追い越しは禁止されていません。

問30 正　「**路線バス等優先通行帯**」ですので、道路の左側に寄り路線バスなどに進路を譲ります。

問31 誤　**できるだけ左側**に寄り、進路を譲らなければなりません。

問32 誤　**歩行者の有無にかかわらず**、安全地帯は通行してはいけません。

問33 正　他の運転者から見て、**よく目につく服装**で運転するようにしましょう。

問34 誤　進路の前方に障害物がある場合は、**一時停止か減速**をして対向車に道を譲ります。

問35 誤　こう配の急な坂では、**上りも下りも駐停車禁止**です。

問36 正　6図は「**横断歩道・自転車横断帯**」を表しています。

問37 正　**一時停止か徐行**(じょこう)をして、子どもが安全に通行できるようにします。

問38 正　車を運転するときは、**交通規則を守って運転**しなければなりません。

問39 誤　タイヤの回転を止めると、**タイヤがスリップ**してかえって制動距離が長くなります。

問40 誤　見通しがよい悪いに関係なく、**曲がり角付近では徐行**(じょこう)しなければなりません。

問41 誤　原動機付自転車の乗車定員は**運転者のみ1名だけ**ですので、二人乗りをしてはいけません。

問42 正　7図は「**停止禁止部分**」を表し、この標示内には停止してはいけません。

問43 正　設問の場合は、停止距離が**2倍程度に延びる**ことがあります。

問44 正　二輪車のブレーキは、ハンドルを切らない状態で**前後輪ブレーキを同時**に使用します。

問45 誤　園児の急な飛び出しに備え、**徐行**(じょこう)しなければなりません。

問46 正　原動機付自転車は、**リヤカーを1台けん引**(いん)できます。

問47

(1) 正　カーブの手前で**速度を落として進行**します。

(2) 誤　カーブを**曲がりきれなくなるおそれ**があります。

(3) 正　速度を落とし、**左側に寄って進行**します。

問48

(1) 誤　**右折車と並んで**右折してはいけません。

(2) 正　**トラックのかげや歩行者に注意**して右折します。

(3) 誤　トラックのかげに**直進車がいるおそれ**があります。

第7回 実力判定 模擬テスト

[問題は62～66ページ]

正解とポイント解説

[太字は重要部分（キーワード）]

問1 正　**安全に追い越しができる**ように、速度を上げてはいけません。

問2 誤　**上り坂の頂上付近**も、徐行(じょこう)すべき場所の一つです。

問3 正　**追い越しは危険をともなう**行為なので、設問のような注意が必要です。

問4 誤　原動機付自転車は、**時速30キロメートル**を超える速度で運転してはいけません。

問5 誤　急ブレーキは危険です。ハンドルをしっかりと握り、**徐々に速度を落として停止**します。

問6 正　1図の標示は「**右折の方法**」を表しています。

問7 正　あらかじめ**左端**に寄り、交差点の**側端(そくたん)に沿って徐行(じょこう)**しながら左折します。

問8 誤　酒を飲んだら、**絶対に**車を運転してはいけません。

問9 正　**自動車の特性を知って**理解して運転することが、安全運転につながります。

問10 正　車は、**他の交通に注意して進行**することができます。

問11 誤　たとえ近くであっても、エンジンキーを携帯して**盗難防止措置(とうなんぼうしそち)**をとらなければいけません。

問12 正　一方通行の道路は**対向車が来ない**ので、道路の右側部分にはみ出して通行することができます。

問13 誤　「**安全地帯**」であることを表しています。車はこの標示の中に入ることができません。

問14 正　**追い越した車の進行を妨げる**ようなときは、追い越しをしてはいけません。

問15 誤　できるだけではなく、**必ず**乗車用ヘルメットをかぶらなければなりません。

問16 誤　必ずしも一時停止する必要はなく、**徐行(じょこう)**して安全を確かめます。

問17 正　**走行中は危険**なので、携帯電話を使用してはいけません。

問18 正　3図は「**追越し禁止**」の標識ですが、自転車であれば追い越しをすることができます。

問19 正　**右折や工事などでやむを得ないとき**は、軌道敷内を通行することができます。

問20 正　**疲れているときや運転に集中していないとき**は、空走距離が長くなります。

問21 誤　5メートル手前ではなく、交差点の**30メートル手前の地点**で合図を行います。

問22 誤　**交通量に関係なく**、警音器を鳴らさなければなりません。

問23 誤　「**優先道路**」の標識で、前方の道路ではなく**標識のある側の道路が優先道路**です。

問24 誤　**警報機が鳴り始めたら**、踏切を通過してはいけません。

問25 正　警察官の身体の正面に**対面する交通は赤色、平行する交通は黄色の灯火**と同じ意味です。

問26 正　**ブレーキ装置が過熱**して、ブレーキが効かなくなることがあります。

問27 正　**視線を遠くに**おき、早めに障害物を発見するようにします。

問28 正　**運転者がまぶしくない**ように、前照灯を減光するか下向きに切り替えます。

問29 正　**一時停止か徐行**をして、盲導犬を連れた人が安全に通行できるようにします。

問30 正　「**大型自動二輪車および普通自動二輪車二人乗り通行禁止**」を表しています。

問31 誤　**指定された方向以外**へは、進行してはいけません。

問32 正　**環境負荷の軽減に配慮**して、エコドライブに努めます。

問33 誤　**交差点を避け、道路の左側に寄って一時停止**しなければなりません。

問34 誤　「高齢者マーク」は、**70歳以上の高齢運転者**が車に表示します。

問35 誤　**スリップすると制動距離が長くなる**ので、十分な車間距離をあけて走行します。

問36 誤　停止線があるときは、**その直前で一時停止**しなければなりません。

問37 正　設問のような場合は、方向指示器と併せて、**手による合図**も行いましょう。

問38 誤　原動機付自転車は、**左側の通行帯を通行**しなければなりません。

問39 正　遠心力（えんしんりょく）は、曲がろうとする**カーブの外側の方向**へ作用します。

問40 誤　**歩行者や自転車がいないとき**は徐行（じょこう）や一時停止する必要はなく、**そのまま通行**できます。

問41 誤　赤い布ではなく、**0.3メートル平方以上の白い布**をつけなければなりません。

問42 正　7図は「**転回禁止**」を表す規制標示です。

問43 正　案内標識は、**緑色が高速道路、青色は一般道路**と色分けをしてあります。

問44 誤　**警音器（けいおんき）は鳴らさず**に、**一時停止**して安全を確かめます。

問45 誤　停止位置に近づいていて安全に停止できないときは、**そのまま進行**することができます。

問46 誤　左側には余地を残さず、**道路の左端に沿って駐車**しなければなりません。

問47

(1) 正　停止するのも、**衝突（しょうとつ）を防止する方法**の一つです。

(2) 正　**速度を落とし**て、二輪車に進路を譲（ゆず）ります。

(3) 誤　二輪車は、停止するとは**限りません**。

問48

(1) 誤　バスと**衝突（しょうとつ）する危険**があります。

(2) 誤　バスは自車に進路を譲（ゆず）ってくれるとは**限りません**。

(3) 正　歩行者が**急に道路を横断するおそれ**があります。

第8回 実力判定
模擬テスト

[問題は67～71ページ]

正解とポイント解説

[太字は重要部分（キーワード）]

問1 正　合図は、その行為が終わったら**すみやかに**やめます。

問2 正　**車両通行帯のないトンネル**では、追い越しが禁止されています。

問3 誤　**交通量にかかわらず**、原動機付自転車は自転車道を通行してはいけません。

問4 正　制動距離は**速度の2乗に比例**します。速度が2倍になれば制動距離は4倍に、3倍になれば9倍なります。

問5 誤　**右側は追い越しなどのためにあけて**おき、左側の通行帯を通行しなければなりません。

問6 正　**自動車と原動機付自転車は通行できない**ことを表しています。

問7 正　設問の場所は、**追い越しと追い抜きの両方が禁止**されています。

問8 正　坂道で追い越しが禁止されている場所は、**上り坂の頂上付近とこう配の急な下り坂**です。

問9 誤　**走行中の携帯電話の使用は非常に危険**です。メールの確認であっても使用してはいけません。

問10 正　**手首を下げ**、ハンドルを前に押すように**グリップを軽く**持ちます。

問11 正　黄色の線の車両通行帯は**進路変更禁止**を意味します。たとえ右左折のためであっても、進路変更してはいけません。

問12 誤　遠心力は曲がろうとする**カーブの外側に働く**ので、Aの方向に働きます。

問13 正　**少量でも**酒を飲んだら、車を運転してはいけません。

問14 誤　雨の日は路面が濡れているため**制動距離は延びます**が、空走距離は変わりません。

問15 誤　徐行ではなく、歩行者の有無にかかわらず**一時停止**しなければなりません。

問16 誤　**0.3メートル平方以上の白い布**をつけなければなりません。

問17 正　荷物を高く積んだりして重心が高くなればなるほど、**車は不安定**になります。

問18 誤　「**一時停止**」の標識のある場所では、たとえ見通しがよくても一時停止しなければなりません。

問19 正　**歩行者の有無が確認できないとき**は、停止できるような速度で進行しなければなりません。

問20 誤　**原動機付自転車でも**歩道に駐車してはいけません。

問21 正　困っている人を見かけたら、**進んで協力**しましょう。

問22 正　**危険を防止するためやむを得ないとき**は、警音器を鳴らすことができます。

問23 誤　**見通しがよい悪いに関係なく**、道路の曲がり角付近では追い越しをしてはいけません。

問24 誤　停止禁止部分ではなく、車が入ってはいけない「**立入り禁止部分**」の標示です。

問25 正　あらかじめバックミラーなどで**安全を確かめてから合図**を出し、もう一度安全を確かめてから進路変更します。

問26 誤　**昼間でもライトをつけなければならない場合がある**ので、運転してはいけません。

問27 正　一点を注視するのではなく、**周囲全体を広く目配り**します。

問28 誤　横断しようとしている人がいるときは**一時停止**して、歩行者の通行を妨げないようにします。

問29 誤　**前方の交通が混雑しているとき**は、発進してはいけません。

問30 正　5図は「**一方通行**」の標識です。矢印の反対方向には進行できません。

問31 誤　示談がまとまっても、**警察官へは届け出**なければなりません。

問32 誤　**原動機付自転車であっても**、駐停車禁止場所に駐車や停車をしてはいけません。

問33 誤　**こう配の急な下り坂は徐行場所**ですが、こう配の急な上り坂では徐行する必要はありません。

問34 誤　**駐車禁止場所**であり、停車は禁止されていません。

問35 正　ブレーキは、**車体を垂直に保ち、ハンドルを切らない状態で使用**します。

問36 正　6図は、「**転回禁止区間の終わり**」を表す規制標示です。

問37 正　**対向車が来ない**ので、右側部分を通行することができます。

問38 正　いずれも**一時停止か徐行**(じょこう)をして、安全に通行できるようにします。

問39 正　原動機付自転車も、**強制保険（自賠責保険か責任共済）に加入**しなければなりません。

問40 誤　エンジンブレーキは、**低速ギアほど制動効果が高く**なります。

問41 誤　二輪車に荷物を積むときの高さ制限は、**地上から2メートルまで**です。

問42 正　7図は「**横風注意**」の警戒(けいかい)標識です。

問43 誤　腕を斜め下に伸ばす合図は、**徐行**(じょこう)**か停止**をすることを意味します。

問44 誤　右折や左折をしようとする**30メートル手前**で、合図を行わなければなりません。

問45 正　道路工事の区域の側端から5メートル以内は、**駐車禁止場所**として指定されています。

問46 正　一気に強くかけるのは危険です。**軽く数回に分けて使用**し、スリップを防止します。

問47

(1) 正　踏切の先に**自車の入る余地を確認**してから発進します。

(2) 正　左側に寄りすぎると、**落輪**(らくりん)**するおそれ**があります。

(3) 誤　踏切の手前では、**一時停止**して安全を確かめなければなりません。

問48

(1) 正　バスのかげから**子どもが飛び出してくるおそれ**があります。

(2) 正　**対向車に十分注意**しながら進行します。

(3) 正　追突(ついとつ)を避けるため、**ブレーキを数回に分けて減速**します。

第9回 実力判定 模擬テスト

［問題は72〜76ページ］

正解とポイント解説

［太字は重要部分（キーワード）］

問1 正　あらかじめバックミラーなどで**安全を確かめてから**、進路変更の合図をします。

問2 正　バスの停留所の標示板から10メートル以内は、**運行時間中に限り**、**駐停車禁止場所**です。

問3 誤　運転を続けることは危険です。大地震が発生したときは、まず車を**道路の左側に停止**させます。

問4 正　安全地帯があれば、**徐行して進行**することができます。

問5 誤　道路の曲がり角付近は**徐行場所に指定**されています。標識がなくても徐行しなければなりません。

問6 正　1図は「**聴覚障害者マーク**」です。この標識をつけた車に対する幅寄せや割り込みは、原則として**禁止**されています。

問7 誤　右側の通行帯は追い越しなどのためにあけておき、普通自動車も原動機付自転車も**左側の通行帯を通行**します。

問8 誤　原則として、追い越す車の**右側を通行**しなければなりません。

問9 誤　必ずしも一時停止する必要はなく、**安全な間隔をあけるか徐行**して通行します。

問10 正　身体の正面と対面する交通は、**赤色の灯火と同じ**意味です。

問11 正　0.75メートル以下の路側帯では、そこに入らず、**車道の左端**に沿って車を止めます。

問12 誤　2図は「**停止線**」の標識で、車が停止する場合の停止位置を表しています。

問13 正　**優先道路を通行している場合**は、徐行する必要はありません。

問14 誤　故障車を**ロープでけん引するとき**は、けん引免許は必要ありません。

問15 誤　低速ギアを使い、**速度を一定に保って通過**します。

問16 誤　停止位置に近づいていて**安全に停止できないとき**は、そのまま進行することができます。

問17 正　黄色のひし形の標識は、**すべて警戒標識**です。

問18 誤　3図は「**踏切あり**」の標識で、この先に踏切があることを表しています。

問19 正　列車が通過した直後でも、反対方向から列車が来るおそれがあるので、**一時停止して安全を確認**します。

問20 誤　**路面が雨に濡れたり**していると、停止距離は長くなります。

問21 誤　指定された通行区分に従う必要はありません。交差点を避け、**道路の左側に寄って一時停止**します。

問22 誤　**ステップに土踏まず**を乗せ、**つま先をまっすぐ前方に**向けて運転します。

問23 正　4図は「**区間内**」の補助標識です。本標識が示す交通規制の区間内であることを表しています。

問24 正　設問のような現象を「**蒸発現象**」といいます。

問25 正　二輪車の**エンジンを止め押して歩いているとき**は、歩行者として扱われます。

問26 正　歩行者に泥や水をはねないように、**徐行をするなど注意して通行**します。

問27 誤　**他の車や歩行者などに十分注意**して通行しなければなりません。

問28 正　**ハンドルが大きくとられる**ので、設問のようにして停止します。

問29 誤　**ナンバープレートが見えなくなる状態**では、運転してはいけません。

問30 正　5図は「**右側通行**」の標示です。車は道路の右側に最小限はみ出して通行できます。

問31 誤　**上り坂の頂上付近**と**こう配の急な下り坂**では、追い越しをしてはいけません。

問32 正　**続発事故を防止**するため、設問のようにして車を止めます。

問33 正　**許可を受けた車以外**は、通行してはいけません。

問34 誤　ハンドルを切るのではなく、**車体を傾けて自然に曲がる**ようにします。

問35 正　雨の日は、晴れの日よりも**速度を落として通行**しましょう。

問36 誤　**右左折や工事などでやむを得ない場合**は、軌道敷内を通行することができます。

問37 正　6図の標示は「**普通自転車の交差点進入禁止**」を表しています。

問38 誤　**原動機付自転車を追い越そうとしているとき**は、二重追い越しにはなりません。

問39 正　**免許証の条件を守って運転**しなければなりません。

問40 正　上り下りに関係なく、**待避所のある側の車**がそこに入って進路を譲ります。

問41 正　駐車が禁止されているのは、道路工事の区域の端から**5メートル以内の場所**です。10メートル離れていれば止められます。

問42 正　7図は「**警笛区間**」の標識です。見通しが悪い場合に限り、警音器を鳴らさなければなりません。

問43 誤　徐行ではなく**一時停止**して、歩行者の横断を妨げてはいけません。

問44 正　**一時停止**して、安全を確かめてから進行しなければなりません。

問45 正　**急ハンドル**や**急ブレーキ**で避けなければならない場合を除き、バスの発進を妨げてはいけません。

問46 正　ブレーキを強く一気にかけると、**転倒**や**スリップ**をするおそれがあります。

問47

(1) 正　前車が**急停止するおそれ**があります。

(2) 誤　前車との**車間距離を十分とって**左折します。

(3) 正　**歩行者の動きに十分注意**しながら左折します。

問48

(1) 誤　**車の間をぬうように**して通行してはいけません。

(2) 正　速度を落とし、**安全な側方間隔を保って通過**します。

(3) 正　トラックのかげから**歩行者が出てくるおそれ**があります。

第10回 実力判定 模擬テスト

[問題は77～81ページ]

正解とポイント解説

[太字は重要部分(キーワード)]

問1 誤　進路変更の合図は、進路を変えようとする**約3秒前**に行います。

問2 誤　クラッチを切ると、**エンジンの動力が伝わらなくなり**不安定になります。

問3 誤　**横断歩道のないところでも**、歩行者の通行を妨げてはいけません。

問4 正　**遠心力(えんしんりょく)の作用**により、カーブの外側に飛び出そうとする力が働きます。

問5 誤　警音器(けいおんき)は鳴らさず、**一時停止か徐行(じょこう)**をして、安全に通行できるようにします。

問6 正　1図は「**前方優先道路**」を表しています。

問7 正　**一時停止**して、歩行者などの有無(うむ)を確認します。

問8 正　二輪車は、**車体をカーブの内側に傾(かたむ)けて**曲がります。

問9 正　**6メートル未満の道路**では、右側部分にはみ出して追い越しをすることができます。

問10 誤　たとえ先に交差点に入っていても、**直進車や左折車の進行**を妨げてはいけません。

問11 正　同じような道幅の交差点では、**左方から来る車の進行**を妨げてはいけません。

問12 誤　2図は「**駐車余地**」の標識です。駐車したとき、車の右側の道路上に6メートルの余地がとれないときは駐車できません。

問13 誤　**原動機付自転車でも**、路側帯(ろそくたい)や自転車道は通行できません。

問14 誤　徐行(じょこう)ではなく、**一時停止**して安全を確かめてから進行しなければなりません。

問15 誤　遠心力(えんしんりょく)の大きさは、**カーブの半径が小さい**(カーブが急な)ほど大きくなります。

問16 正　**駐車禁止場所**なので、停車することはできます。

問17 誤　あらかじめ**できるだけ道路の中央に寄って**から右折しなければなりません。

問18 誤　雨天時は、晴天時に比べて**制動距離が長く**なります。

問19 正　踏切に信号機がある場合は、**信号に従って通行**することができます。

問20 正　**電源を切るなど**して、走行中は使用しないようにしましょう。

問21 正　車を追い越すときは右側を通行するのが原則ですが、設問のような場合は、**例外として左側を追い越す**ことができます。

問22 誤　設問のような状態での車の停止は、**駐車**になります。

問23 誤　**交差点を避け**、道路の左側に寄って一時停止しなければなりません。

問24 誤　原動機付自転車であっても、**強制保険（自賠責保険や責任共済）には加入**しなければなりません。

問25 正　原動機付自転車は、**時速30キロメートル**を超えて運転してはいけません。

問26 誤　設問の内容は制動距離です。空走距離とは、危険を感じてから**ブレーキをかけるまでに車が走る距離**をいいます。

問27 正　**津波から避難**する場合を除き、車を使用してはいけません。

問28 誤　横断歩道や自転車横断帯とその手前30メートル以内では、**追い越しも追い抜きも禁止**されています。

問29 正　**交通公害をできるだけ減らす**ように努めましょう。

問30 正　**その他の危険がある**ことを表しています。

問31 誤　明るさが急に変わると、視力は**一時急激に低下**します。トンネルに入る前などには速度を落としましょう。

問32 誤　**左側の車両通行帯を通行**しなければなりません。

問33 誤　たとえ示談が成立したとしても、**警察官には報告**しなければなりません。

問34 正　**徐行場所、追い越し禁止場所、駐停車禁止場所**に指定されています。

問35 正　道路の左端に寄り、交差点の側端に沿って**徐行**します。

問36 正　**前後輪ブレーキを同時に数回に分ける**のが、二輪車の正しいブレーキのかけ方です。

問37 **誤** 右腕を車の外に出してひじを垂直に上に曲げるのは、**左折か左に進路を変えるときの合図**です。

問38 **正** 法規を守るのはもちろん、**思いやりの気持ちで運転**することも大切です。

問39 **正** 安全な車間距離は、**前車が急に止まってもこれに追突しないような距離**です。

問40 **誤** ブレーキは、**最初は弱く**徐々に力を加えるようにし、**数回に分けて使用**します。

問41 **正** 対向車の運転者がまぶしくないように、ライトを**減光するか下向きに切り替えて運転**します。

問42 **誤** 7図は「**停車可**」の標識で、車は停車することができることを表しています。

問43 **正** 黄色の車両通行帯は**進路変更禁止**を表しています。この線を越えて進路変更してはいけません。

問44 **誤** 警音器は鳴らさず、**安全な間隔をあけるか徐行**しなければなりません。

問45 **正** 交差点とその端から5メートル以内の場所は、**駐停車禁止場所**として指定されています。

問46 **正** 見通しが悪いので、**徐行しなければならない場所**として指定されています。

問47

(1) **正** トラックは、**急停止するおそれ**があります。

(2) **正** 死角部分を**直接自分の目で**確かめます。

(3) **正** **二輪車を巻き込まない**ようにして左折します。

問48

(1) **正** 速度を落として**左寄りを通行**します。

(2) **誤** 対向車が**中央線をはみ出してくるおそれ**があります。

(3) **正** **ライトを上向きにする**などして、自車の存在を知らせます。

本書に関する正誤等の最新情報は、下記のアドレスで確認することができます。
http://www.seibidoshuppan.co.jp/info/menkyo-ktg2205

上記 URL に記載されていない箇所で正誤についてお気づきの場合は、書名・発行日・質問事項・ページ数・氏名・郵便番号・住所・FAX 番号を明記の上、**郵送**または **FAX** で**成美堂出版**までお問い合わせください。

※電話でのお問い合わせはお受けできません。

※本書の正誤に関するご質問以外にはお答えできません。また受験指導などは行っておりません。

※ご質問の到着確認後、10 日前後で回答を普通郵便または FAX で発送いたします。

●著者紹介

自動車運転免許研究所

長　信一（ちょう　しんいち）

1962年、東京生まれ。1983年、都内にある自動車教習所に入社。1986年、運転免許証にある全種類を完全取得。指導員として多数の合格者を世に送り出すかたわら、所長代理を歴任。現在、「自動車運転免許研究所」の所長として執筆・指導の両面で活躍中。趣味はオートバイに乗ること。『最短合格！　原付免許テキスト＆問題集』『1回で合格！　原付免許完全攻略問題集』『フリガナつき！　原付免許ラクラク合格問題集』（いずれも弊社刊）など、手がけた本は200冊を超える。

必ず取れる! 原付免許合格問題集

2022年6月10日発行

著　者　長 信一（ちょう しんいち）

発行者　深見公子

発行所　成美堂出版
〒162-8445　東京都新宿区新小川町1-7
電話(03)5206-8151　FAX(03)5206-8159

印　刷　株式会社フクイン

ISBN978-4-415-33133-1

落丁･乱丁などの不良本はお取り替えします
定価はカバーに表示してあります

道路標識・標示　一覧表

規制標識

通行止め	車両通行止め	車両進入禁止	二輪の自動車以外の自動車通行止め	大型貨物自動車等通行止め

車、路面電車、歩行者のすべてが通行できない	車（自動車、原動機付自転車、軽車両）は通行できない	車はこの標識がある方向から進入できない	二輪を除く自動車は通行できない	大型貨物、特定中型貨物、大型特殊自動車は通行できない
大型乗用自動車等通行止め	二輪の自動車・原動機付自転車通行止め	大型自動二輪車及び普通自動二輪車二人乗り通行禁止	自転車通行止め	車両（組合せ）通行止め

大型乗用、特定中型乗用自動車は通行できない	大型・普通自動二輪車、原動機付自転車は通行できない	大型・普通自動二輪車は二人乗りで通行できない	自転車は通行できない	標示板に示された車（自動車、原動機付自転車）は通行できない
タイヤチェーンを取り付けていない車両通行止め	指定方向外進行禁止			

タイヤチェーンをつけていない車は通行できない	車は矢印の方向以外には進めない	右折禁止	直進・右折禁止	左折・右折禁止
車両横断禁止	転回禁止	追越しのための右側部分はみ出し通行禁止	追越し禁止	駐停車禁止

車は右折を伴う右側への横断をしてはいけない	車は転回してはいけない	車は道路の右側部分にはみ出して追い越しをしてはいけない	車は追い越しをしてはいけない	車は駐車や停車をしてはいけない（8時～20時）

規制標識

駐車禁止

車は**駐車**をしてはいけない
（８時〜20時）

駐車余地

車の右側の道路上に**指定の余地**（６m）がとれないときは駐車できない

時間制限駐車区間

標示板に示された時間（８時〜20時の60分）は**駐車**できる

危険物積載車両通行止め

爆発物などの**危険物**を積載した車は通行できない

重量制限

標示板に示された**総重量**（5.5ｔ）を超える車は通行できない

高さ制限

地上から標示板に示された**高さ**（3.3m）を超える車は通行できない

最大幅

標示板に示された**横幅**（2.2m）を超える車は通行できない

最高速度

標示板に示された**速度**（時速50㎞）を超えてはいけない

最低速度

自動車は標示板に示された**速度**（時速30km）**に達しない速度**で運転してはいけない

自動車専用

高速道路（**高速自動車国道**または**自動車専用道路**）であることを表す

自転車専用

自転車専用道路を示し、**普通自転車**以外の車と**歩行者**は通行できない

自転車及び歩行者専用

自転車および歩行者専用道路を示し、**普通自転車**以外の車は通行できない

歩行者専用

歩行者専用道路を示し、**車**は通行できない

一方通行

車は矢印の示す方向と**反対方向**には進めない

自転車一方通行

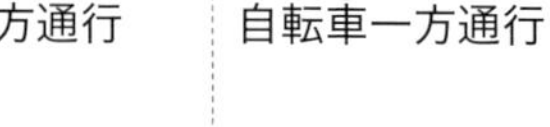

自転車は矢印の示す方向と**反対方向**には進めない

車両通行区分

軽車両　二輪

標示板に示された車（**二輪・軽車両**）が通行しなければならない**区分**を表す

特定の種類の車両の通行区分

標示板に示された車（**大貨等**）が通行しなければならない区分を表す

牽引自動車の高速自動車国道通行区分

高速自動車国道の本線車道で**けん引自動車**が通行しなければならない区分を表す

専用通行帯

標示板に示された車（**路線バス等**）の**専用通行帯**であることを表す

普通自転車専用通行帯

普通自転車の**専用通行帯**であることを表す

規制標識

路線バス等優先通行帯

路線バス等の**優先通行帯**であることを表す

牽引自動車の自動車専用道路第一通行帯通行指定区間

自動車専用道路でけん引自動車が**最も左側の通行帯**を通行しなければならない指定区間を表す

進行方向別通行区分

交差点で車が進行する**方向別の区分**を表す

環状の交差点における右回り通行

環状交差点であり、車は**右回り**に通行しなければならない

原動機付自転車の右折方法(二段階)

交差点を右折する原動機付自転車は**二段階右折**しなければならない

原動機付自転車の右折方法(小回り)

交差点を右折する原動機付自転車は**小回り右折**しなければならない

平行駐車

車は道路の側端に対して、**平行に駐車**しなければならない

直角駐車

車は道路の側端に対して、**直角に駐車**しなければならない

斜め駐車

車は道路の側端に対して、**斜めに駐車**しなければならない

警笛鳴らせ

車と路面電車は**警音器**を鳴らさなければならない

警笛区間

車と路面電車は**区間内の指定場所**で警音器を鳴らさなければならない

徐行

車と路面電車は**すぐ止まれる速度**で進まなければならない

一時停止

車と路面電車は停止位置で**一時停止**しなければならない

歩行者通行止め

歩行者は**通行**してはいけない

歩行者横断禁止

歩行者は道路を**横断**してはいけない

指示標識

並進可

普通自転車は**2台並ん**で進める

軌道敷内通行可

自動車は**軌道敷内**を通行できる

高齢運転者等標章自動車駐車可

標章車に限り**駐車**が認められた場所(**高齢運転者等専用場所**)であることを表す

駐車可

車は**駐車**できる

高齢運転者等標章自動車停車可

標章車に限り**停車**が認められた場所(**高齢運転者等専用場所**)であることを表す

指示標識

停車可

車は**停車**できる

優先道路

優先道路であることを表す

中央線

道路の**中央**、または**中央線**を表す

停止線

車が停止するときの**位置**を表す

自転車横断帯

自転車が**横断**する**自転車横断帯**を表す

横断歩道

横断歩道を表す。右側は**児童**などの横断が多い横断歩道であることを意味する

横断歩道・自転車横断帯

横断歩道と**自転車横断帯**が併設された場所であることを表す

安全地帯

安全地帯であることを表し、車は**通行**できない

規制予告

標示板に示されている**交通規制**が前方で行われていることを表す

補助標識

距離・区域
この先100m

ここから50m

市内全域

本標識の交通規制の対象となる**距離**や**区域**を表す

日・時間
日曜・休日を除く

8 - 20

本標識の交通規制の対象となる**日**や**時間**を表す

車両の種類
大　貨

原付を除く

本標識の交通規制の対象となる**車**を表す

始まり

ここから

本標識の交通規制の区間の**始まり**を表す

区間内・区域内

区 域 内

本標識の交通規制の**区間内**、または**区域内**を表す

終わり

本標識の交通規制の区間の**終わり**を表す

マーク・標示板

初心運転者標識

免許を受けて**1年未満**の人が自動車を運転するときに付けるマーク

高齢運転者標識

70歳以上の人が自動車を運転するときに付けるマーク

身体障害者標識

身体に障害がある人が自動車を運転するときに付けるマーク

聴覚障害者標識

聴覚に障害がある人が自動車を運転するときに付けるマーク

仮免許練習標識
仮免許
練習中

運転の練習をする人が自動車を運転するときに付けるマーク

左折可（標示板）

前方の信号にかかわらず、車はまわりの交通に注意して**左折**できる

案内標識

入口の方向

高速道路の入口の方向を表す

入口の予告

名神高速
MEISHIN EXPWY
入口
150m

高速道路の入口の予告を表す

方面及び距離

4 横浜 11km
Yokohama
5 厚木 26km
Atsugi
静岡 153km
Shizuoka

方面と距離を表す

方面及び車線

大阪
Osaka
本線
THRU TRAFFIC

方面と車線を表す

方面及び方向の予告

方面と方向の予告を表す

方面、方向及び道路の通称名

方面と方向、道路の通称名を表す

方面、車線及び出口の予告

江戸橋
Edobashi
303 出口 EXIT 400m

方面と車線、出口の予告を表す

方面及び出口

16
横浜 町田
Yokohama Machida
4 出口 EXIT
西神田
Nishikanda
出口
EXIT
501

高速道路の方面と出口を表す

出口

4 横浜
Yokohama

高速道路の出口を表す

高速道路番号

E1
E56
C4

高速道路番号を表す

サービス・エリア又は駐車場から本線への入口

本線
EXPWY

サービス・エリアや駐車場から本線への入口を表す

待避所

待避所であることを表す

非常駐車帯

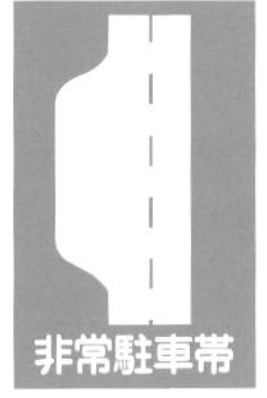

非常駐車帯であることを表す

駐車場

駐車場であることを表す

登坂車線

登坂車線
SLOWER TRAFFIC

登坂車線であることを表す

警戒標識

十形道路交差点あり

この先に十形道路の交差点があることを表す

T形道路交差点あり

この先にT形道路の交差点があることを表す

Y形道路交差点あり

この先にY形道路の交差点があることを表す

ロータリーあり

この先にロータリーがあることを表す

右(左)方屈曲あり

この先の道路が右(左)方に屈曲していることを表す

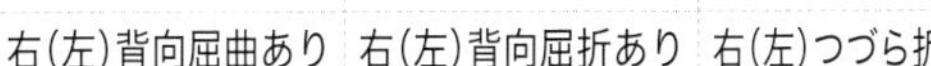

右(左)方屈折あり

この先の道路が右(左)方に屈折していることを表す

右(左)背向屈曲あり

この先の道路が右(左)背向屈曲していることを表す

右(左)背向屈折あり

この先の道路が右(左)背向屈折していることを表す

右(左)つづら折りあり

この先の道路が右(左)つづら折りしていることを表す

踏切あり

この先に踏切があることを表す

警戒標識

学校、幼稚園、保育所等あり

この先に**学校、幼稚園、保育所**などがあることを表す

信号機あり

この先に**信号機**があることを表す

すべりやすい

この先の道路が**すべりやすい**ことを表す

落石のおそれあり

この先が**落石のおそれ**があることを表す

路面凹凸あり

この先の路面に**凹凸**があることを表す

合流交通あり

この先で**合流する**交通があることを表す

車線数減少

この先で**車線が減少する**ことを表す

幅員減少

この先の**道幅がせまくなる**ことを表す

二方向交通

この先が**二方向交通**の道路であることを表す

上り急勾配あり

この先が**こう配の急な上り坂**であることを表す

下り急勾配あり

この先が**こう配の急な下り坂**であることを表す

道路工事中

この先の道路が**工事中**であることを表す

横風注意

この先は**横風が強い**ことを表す

動物が飛び出すおそれあり

この先は**動物が飛び出してくる**おそれがあることを表す

その他の危険

前方に**何か危険がある**ことを表す

規制標示

転回禁止

車は**転回**してはいけない
（8時～20時）

追越しのための右側部分はみ出し通行禁止

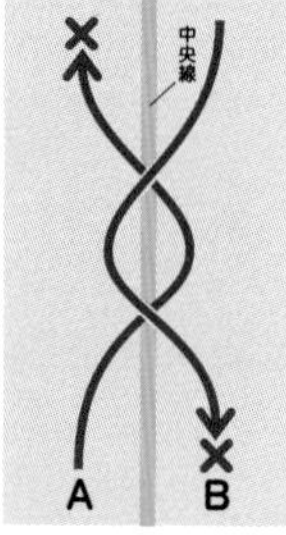

A・Bどちらの車も黄色の線を越えて**追い越し**をしてはいけない

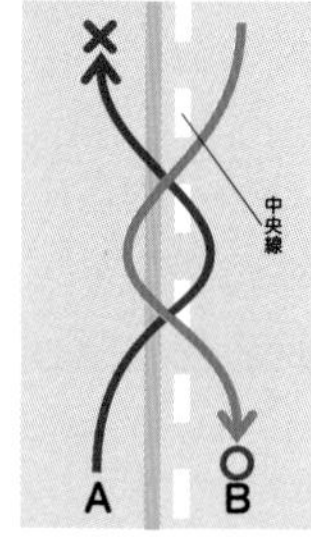

Aを通行する車はBにはみ出して追い越しをしてはいけない（BからAへは禁止されていない）

進路変更禁止

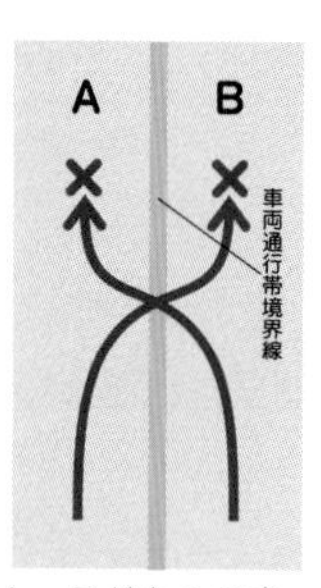

A・Bどちらの車も黄色の線を越えて**進路変更**してはいけない

Bを通行する車はAに進路変更してはいけない（AからBへは禁止されていない）

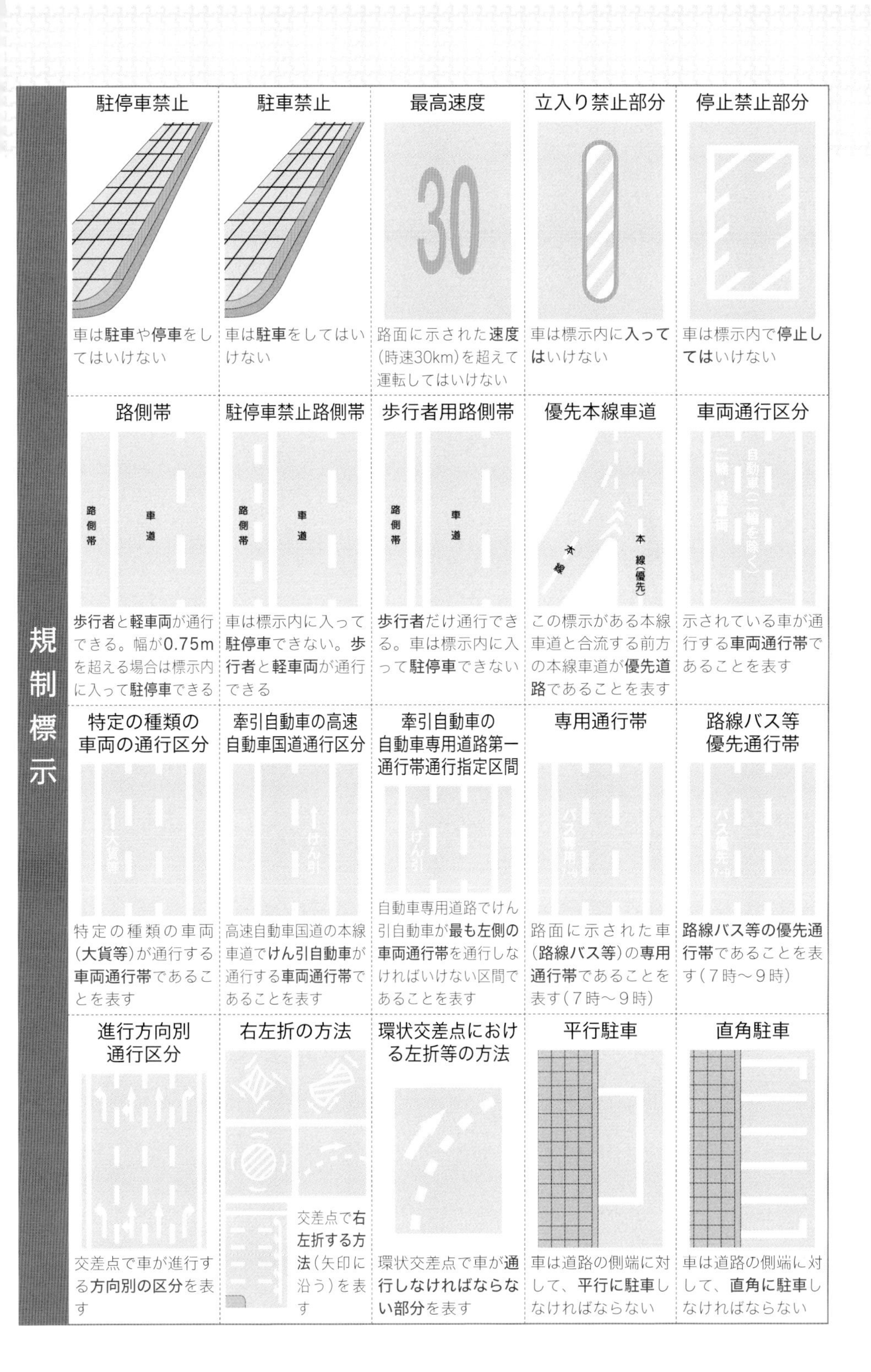
規制標示
駐停車禁止
車は駐車や停車をしてはいけない
駐車禁止
車は駐車をしてはいけない
最高速度
30
路面に示された速度(時速30km)を超えて運転してはいけない
立入り禁止部分
車は標示内に入ってはいけない
停止禁止部分
車は標示内で停止してはいけない
路側帯
路側帯
車道
歩行者と軽車両が通行できる。幅が0.75mを超える場合は標示内に入って駐停車できる
駐停車禁止路側帯
路側帯
車道
車は標示内に入って駐停車できない。歩行者と軽車両が通行できる
歩行者用路側帯
路側帯
車道
歩行者だけ通行できる。車は標示内に入って駐停車できない
優先本線車道
本線
本線(優先)
この標示がある本線車道と合流する前方の本線車道が優先道路であることを表す
車両通行区分
自動車(二輪を除く)
二輪・軽車両
示されている車が通行する車両通行帯であることを表す
特定の種類の車両の通行区分
大貨等
特定の種類の車両(大貨等)が通行する車両通行帯であることを表す
牽引自動車の高速自動車国道通行区分
けん引
高速自動車国道の本線車道でけん引自動車が通行する車両通行帯であることを表す
牽引自動車の自動車専用道路第一通行帯通行指定区間
けん引
自動車専用道路でけん引自動車が最も左側の車両通行帯を通行しなければいけない区間であることを表す
専用通行帯
バス専用
路面に示された車(路線バス等)の専用通行帯であることを表す(7時～9時)
路線バス等優先通行帯
バス優先
路線バス等の優先通行帯であることを表す(7時～9時)
進行方向別通行区分
交差点で車が進行する方向別の区分を表す
右左折の方法
交差点で右左折する方法(矢印に沿う)を表す
環状交差点における左折等の方法
環状交差点で車が通行しなければならない部分を表す
平行駐車
車は道路の側端に対して、平行に駐車しなければならない
直角駐車
車は道路の側端に対して、直角に駐車しなければならない

道路標識・標示一覧表

規制標示

斜め駐車	普通自転車歩道通行可	普通自転車の歩道通行部分	普通自転車の交差点進入禁止	終わり

車は道路の側端に対して、**斜めに駐車**しなければならない	普通自転車は**歩道**を通行できる	普通自転車が歩道を通行する場合の通行すべき**場所**を表す	普通自転車は**黄色の線を越えて**交差点に進入してはいけない	規制標示が示す（転回禁止）区間の**終わり**を表す

指示標示

横断歩道	斜め横断可	自転車横断帯	右側通行	停止線
	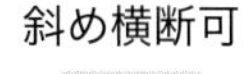	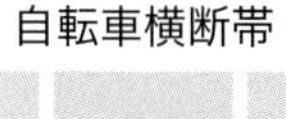		

歩行者が道路を**横断**するための場所であることを表す	歩行者が交差点を**斜めに横断**できることを表す	**自転車**が道路を**横断**するための場所であることを表す	車は道路の右側部分に**はみ出して通行**できることを表す	車が停止するときの**位置**を表す

二段停止線	進行方向	中央線	車線境界線	安全地帯
		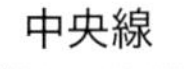		

二輪車と四輪車が停止するときの**位置**を表す	車が進行する**方向**を表す	**中央線**であることを表す	**車線の境界**であることを表す	**安全地帯**であることを表し、車は**通行**できない

安全地帯又は路上障害物に接近	導流帯	路面電車停留場	横断歩道又は自転車横断帯あり	前方優先道路
	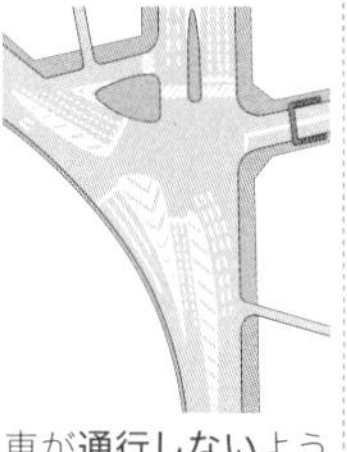	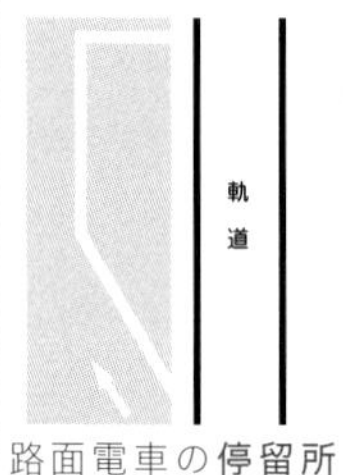		
前方に**安全地帯**か**路上障害物**があり、避ける方向を表す	車が**通行しない**ようにしている道路の部分を表す	路面電車の**停留所（場）**であることを表す	前方に**横断歩道**または**自転車横断帯**があることを表す	標示がある道路と交差する**前方の道路が優先道路**であることを表す

※道路標識・標示は道路交通法等の改正により、変更されることがありますので予めご了承ください。